Noria Harir
Soumia Zeggai

La Tumorigenèse Hépatique

Noria Harir
Soumia Zeggai

La Tumorigenèse Hépatique

Éditions universitaires européennes

Imprint
Any brand names and product names mentioned in this book are subject to trademark, brand or patent protection and are trademarks or registered trademarks of their respective holders. The use of brand names, product names, common names, trade names, product descriptions etc. even without a particular marking in this work is in no way to be construed to mean that such names may be regarded as unrestricted in respect of trademark and brand protection legislation and could thus be used by anyone.

Cover image: www.ingimage.com

Publisher:
Éditions universitaires européennes
is a trademark of
International Book Market Service Ltd., member of OmniScriptum Publishing Group
17 Meldrum Street, Beau Bassin 71504, Mauritius

Printed at: see last page
ISBN: 978-3-8416-7373-2

Copyright © Noria Harir, Soumia Zeggai
Copyright © 2015 International Book Market Service Ltd., member of OmniScriptum Publishing Group
All rights reserved. Beau Bassin 2015

La Tumorigenèse Hépatique

Auteurs : Noria Harir, Soumia Zeggai

Préface

La maladie cancéreuse se caractérise par l'envahissement progressif de l'organe d'origine, puis de l'organisme entier, par des cellules devenues peu sensibles ou insensibles aux mécanismes d'homéostasie tissulaire et ayant acquis une capacité de prolifération indéfinie (immortalisation). Les modifications phénotypiques subies par une cellule au cours du processus de transformation maligne sont le reflet de l'acquisition consécutive de modifications génétiques. A l'échelon moléculaire, le développement d'un cancer correspond à l'accumulation progressive de mutations de gènes au sein du noyau des cellules, l'activation d'oncogènes et l'inactivation de gènes suppresseurs de tumeurs. De nombreuses altérations génétiques sont nécessaires pour qu'un tissu normal devienne tumoral. La grande majorité de ces altérations sont somatiques. Seule une étape est germinale, et exclusivement dans les tumeurs héréditaires (~10 % des cancers). L'identification des gènes altérés dans les tumeurs permet de progresser dans la compréhension des mécanismes moléculaires de la carcinogenèse et d'utiliser ces marqueurs génétiques en cancérologie clinique.

Le cancer du foie le plus fréquent est le carcinome hépatocellulaire ou hépatocarcinome. Il se développe à partir des cellules spécialisées du foie, les hépatocytes. En absence d'une maladie du foie chronique, le cancer est rare. En revanche, il peut être assez courant en présence de maladies de foie sous-jacente. Les cancers primaires du foie représentent moins de 1% de tous les cancers en Amérique du Nord tandis qu'en Afrique, dans le Sud-Est asiatique et en Chine, ils peuvent représenter jusqu'à 50% des cancers. La prévalence élevée des personnes porteuses du virus de l'hépatite B et atteintes d'une cirrhose du foie peut expliquer cet écart géographique

Au cours de ces dernières années, de grands progrès ont été réalisés pour la compréhension des mécanismes moléculaires de l'hépatocarcinogénèse. Les altérations génétiques et épigénétiques de la transformation maligne des hépatocytes conduisent parfois à l'acquisition de protéines dérégulées, telles que des suppresseurs de tumeurs ou des protéines à activité tyrosine kinase jouant le rôle d'oncogène.

Cet ouvrage est destiné aux étudiants des sciences biologiques et médicales, il est bien structuré, rédigé de façon simple et compréhensible à la portée des étudiants. Ce document est riche en données sur les anomalies et les mécanismes moléculaires impliqués dans l'hépatocarcinogénèse.

Tables des matières

Liste des abréviations

Liste des figures

Liste des tableaux

Introduction..11

Partie I : Étude bibliographique

Chapitre I : Généralités sur le foie

I.1. Anatomie du foie..13

I.2. Architecture..15

I.2.1 Segmentation..15

I.2.2. Structure microscopique..16

I.2.3. Les cellules du foie..20

I.3. Vascularisation..25

I.3.1 La veine porte..25

I.3.2 L'artère hépatique..25

I.4. Régénération du foie...26

Chapitre II : Le cancer du foie

II.1. Généralités sur la tumorigenèse..29

II.2. Les tumeurs malignes du foie..32

II.2.1. Les cancers primitifs du foie...32

II.2.2. Les cancers secondaires du foie..37

II.3. Epidémiologie du cancer du foie……………………………………………..………..38

II.4. Facteurs de risque………………………………………………..………………39

II.4.1. La Cirrhose…………………………………………………..………………...39

II.4.2. L'hépatite virale B……………………………………………………..……39

II.4.3. L'hépatite virale C……………………………………………………………..…40

II.4.4. L'hémochromatose héréditaire……………………………………………....40

II.4.5. La stéato-hépatite non alcoolique……………………………………………..41

II.4.6. Les contraceptifs oraux…………………………………………………….41

II.4.7. L'alcool……………………………………………………………………...41

II.4.8. Le tabac…………………………………………………………………….41

II.4.9. Le sexe………………………………………………………………….…..42

II.4.10. L'âge…………………………………………………………………….….42

II.4.11. Le surpoids et le diabète……………………………………………….…..42

II.4.12. L'aflatoxine B1……………………………………………………….......42

II.4.13. Autres facteurs de risque……………………………………………………43

II.5. Classifications pronostiques du cancer du foie……………………………….…...43

II.5.1. La classification TNM…..………………………………………......…………43

II.5.2. La classification d'Okuda…………………………………………………….45

II.5.3. La classification de Child-Pugh……………………....…………………………45

II.5.4. La classification BCLC………………………………………………....46

II.5.5. L'indice de performance de l'OMS…………………………………….…..48

II.6. Dépistage et diagnostic du cancer du foie………………..............................48

II.6.1. Dépistage………………...…......48

II.6.2. Diagnostic..49

Chapitre III : Altérations moléculaires de la tumorigenèse hépatique

III.1. Le gène suppresseur de tumeur TP53...54

III.1.1. Mécanisme d'activation et fonctions..54

III.1.2. Altérations de P53 et cancer du foie..55

III.2. Autres altérations moléculaires du cancer du foie....................................57

III.2.1. TGF-β/Smad..57

III.2.2. β-caténine..57

III.2.3. AXIN1/APC..57

III.2.4. C-Myc..57

III.2.5. EGFR/ VEGFR/PDGFR/FGFR..58

III.2.6. K-ras..58

III.2.7. Rb/P16...58

III.2.9. IGF-2R...58

III.2.8. Mdm-2...58

III.2.9. IGF-2R...59

III.2.10. PI3K/PTEN/Akt..59

Chapitre IV : Traitements du cancer du foie

IV.1. Les traitements curatifs...61

IV.1.1. La transplantation hépatique...61

IV.1.2. La résection chirurgicale...61

IV.1.3. Traitements percutanés..62

IV.2. Traitements palliatifs...62

IV.2.1. La radiothérapie..62

IV.2.2. La chimiothérapie..62

IV.2.3. L'hormonothérapie..63

IV.2.4. La radioembolisation...63

IV.2.5. La chimio-embolisation intra-artérielle.....................................63

IV.2.6. Les thérapies ciblées...64

Conclusion et perspectives..68

Références bibliographiques...69

Liste des abréviations

AFP : Alpha Foeto-Protéine

AKT : Protein Kinase B

APC : Adenomatous polyposis coli

BCLC : Barcelona Clinic Liver Cancer

CDK : Cyclin Dependent Kinase

CHC : carcinome hépatocellulaire

CK : Cellules de Kupffer

CLIP : Cancer of the Liver Italian Program

EASL : European Association for the Study of the Liver

ECOG : *Eastern Cooperative Oncology Group*

EGF : Epithelial Growth Factor

EGFR : Epidermal Growth Factor Receptor

EORTC *: European Organisation for Research and Treatment of Cancer*

ERK : Extracellular signal-regulated kinase.

FGF : Fibroblast Growth Factor (Facteur de croissance des fibroblastes)

GSK-3β : Glycogène Synthase Kinase 3β

HFE *: High* Fe

HIF : Hypoxia Induced Factor

HTP : Hypertension portale

IGF-1 : Insulin Growth Factor 1

KRAS : Kirsten rat sarcoma 2 viral oncogene homolog

M+ : Any M

M0 : Without distant metastasis

M1 : With distant metastasis

MAPK : Mitogen activated protein-kinase

MDM2 : Murine double minute 2

mTOR : mammalian Target of Rapamycin

N+ : Any N

N0 : Without regional lymph nodes

N1 : With regional lymph nodes

NASH : Non-Alcoholic Steatohepatitis

OMS : *Organisation mondiale de la santé*

PDGF : Platelet Derived Growth Factor

PDGFR : Platelet Derived Growth Factor Receptor

PI3K : Phosphatidyl Ionoside 3 Kinase

PLC : Primary Liver Cancer

PST : Performance Statut

PTEN : Phosphatase and TENsin homolog

RB1 : gène du retinoblastoma

RF : Radiofréquence

RTK : Receptor tyrosin kinase

SHARP : Sorafenib Hepatocellular carcinoma Assessment Randomized Protocol

TCF/Lef : T Cell Factor

TGF : Tranforming Growth Factor

TNF : Tumor Necrosis Factor

TNM : Tumor Nodes Metastasis

VEGF : Vascular Endothelial Growth Factor

VEGFR : Vascular Endothelial cell Growth Factor Receptor

VHB : Virus de l'hépatite B

VHC/HCV : Virus de l'*hépatite C*

Liste des Figures

Figure 1 : Projection sur la paroi abdominale antérieure……………………………….......13

Figure 2 : Vue antérieure du foie……………………………………………………………..14

Figure 3 : Vue inférieure du foie et de la vésicule biliaire………………………………...14

Figure 4 : Vue postérieure du foie……………………………………………………………15

Figure 5 : Segments hépatiques………………………………………………………………16

Figure 6 : Structure lobulaire normale du foie ……………………………………………17

Figure 7 : Structure d'un lobule hépatique…………………………………………………18

Figure 8 : Organisation structurale du foie: lobule et acinus……………………………..19

Figure 9 : Les cellules hépatiques……………………………………………………...….22

Figure 10 : Les Hépatocytes…………………………………………………………………..24

Figure 11 : Système des vaisseaux et des conduits intra-hépatiques……………………..26

Figure 12 : Les différentes voies de la cancérogenèse……………………………………..30

Figure 13: Les nouvelles caractéristiques fonctionnelles acquises du cancer……….......31

Figure 14 : Les 3 étapes de la cancérogenèse………………………………………………31

Figure 15 : Les principales voies de signalisation impliquées dans le cancer du foie…………54

Figure 16 : Illustration schématique de l'implication de p53 dans l'hépatocarcinogénèse……………………………………………………………………….56

Figure 17 : Modes d'action du sorafénib sur les cellules tumorales et les cellules endothéliales…………………………………………………………………………………..66

Figure 18 : Arbre de décision thérapeutique selon la classification BCLC…..……………67

Liste des tableaux

Tableau I : Le score de Métavir………………………………………………………..………33

Tableau II : Classification TNM……………………………………………………….....……..44

Tableau III : Classification d'Okuda……………………………………………………..........……45

Tableau IV : Classification de Child-Pugh……………………………………………..………...46

Tableau V : Classification BCLC (Barcelona Clinic Liver Cancer)…….............…..........…...47

Tableau VI : Indice de performance de L'OMS……………………………….........…..……48

Introduction

Le cancer du foie représente un enjeu majeur de la santé publique mondiale, il s'agit du troisième cancer le plus meurtrier [1]. Le cancer du foie occupe la cinquième place chez l'homme et la septième place chez la femme en termes d'incidence selon l'étude GLOBOCAN 2008 [2].

Le cancer du foie devient d'actualité et fait l'objet de nombreuses études, avec de nombreuses disparités, car il existe de nombreuses zones géographiques de prévalence dues aux différents styles de vie et à la différence de répartition des principaux facteurs de risque [3]. Certaines études [4,2], ont montré que le cancer du foie n'est pas une pathologie rare partout dans le monde, et son incidence serait même en augmentation, probablement du fait de l'exposition accrue aux différents facteurs étiologiques. Le cancer du foie est un cancer au pronostic sombre, car il est souvent diagnostiqué trop tardivement pour entreprendre un traitement curatif avec une survie spontanée de l'ordre de 1 à 6 mois après la découverte de la tumeur, et une médiane de survie inférieure à 1 an [5].

Les cancers primitifs du foie sont des cancers qui surviennent au niveau du foie de manière spontanée. Le carcinome hépatocellulaire (CHC), tumeur maligne qui se développe à partir des hépatocytes, représente 85 à 90% des cancers primitifs du foie [6].

Au cours de ces dernières années, de grands progrès ont été réalisés pour la compréhension des mécanismes moléculaires de l'hépatocarcinogénèse. Les altérations génétiques et épigénétiques [7] de la transformation maligne des hépatocytes conduisent parfois à l'acquisition de protéines dérégulées, telles que p53 qualifiée de « gardien du génome » et la protéine régulatrice de sa stabilité et de sa fonction Mdm2, et EGFR qui est un récepteur à activité tyrosine kinase jouant le rôle d'oncogène. Dans les parties suivantes et avant d'entamer le cancer du foie, nous allons commencer par le foie humain, son architecture et ces fonctions. D'autres chapitres sont, à la suite, consacrés à élucidation des mécanismes moléculaires impliqués dans la tumerogenese hépatique ainsi qu'a l'arsenal thérapeutique du cancer du foie

Chapitre 1

Généralités sur le foie

I.1. Anatomie du foie

Le foie est l'organe le plus volumineux de l'organisme avec un poids moyen de 1500 g à 1800 g chez l'adulte et le seul capable d'une régénération en masse, il possède toutes les caractéristiques d'une glande exocrine d'une part, en étant responsable de la sécrétion de la bile, et d'une glande endocrine d'autre part grâce à sa situation sur le courant sanguin et à la disposition particulière de sa vascularisation [8].

Il occupe la partie supérieure de la cavité abdominale, sous la coupole diaphragmatique droite et est presque totalement enfoui sous les cotes. Il est recouvert par le diaphragme, la plèvre et le poumon. Son bord inferieur correspond au rebord costal droit. Le foie remplit l'hypochondre droit, et s'étend dans l'hypochondre gauche (Figure 1).

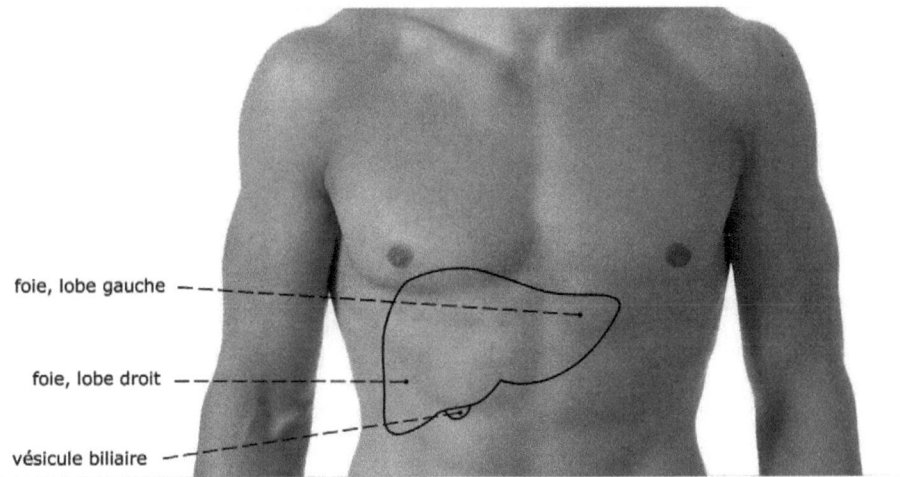

Figure 1 : Projection sur la paroi abdominale antérieure [9].

Le foie comporte trois faces : la face diaphragmatique (figure 2), la face inférieure ou viscérale (figure 3), et la face postérieure (figure 4) [10].

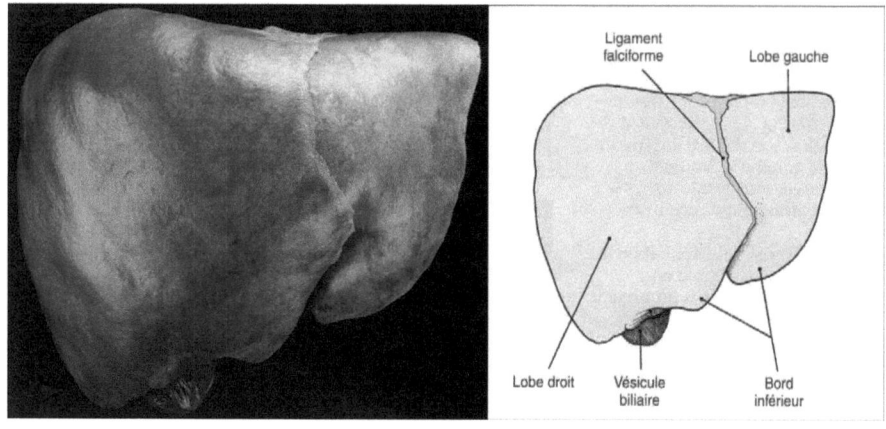

Figure 2 : Vue antérieure du foie [10].

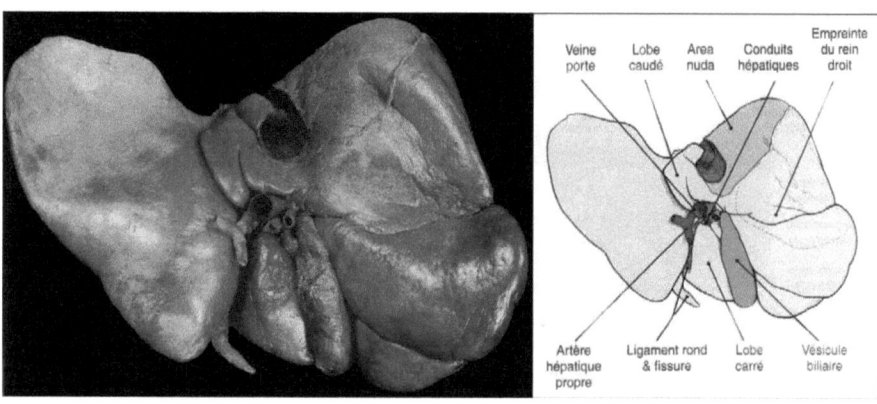

Figure 3 : Vue inférieure du foie et de la vésicule biliaire [10].

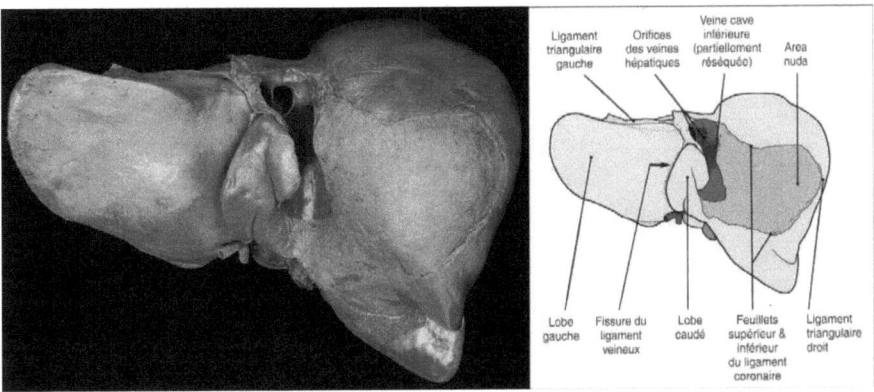

Figure 4 : Vue postérieure du foie **[10]**.

Le foie est enveloppé d'une capsule de tissu conjonctif appelée capsule de Glisson, surmontée de péritoine viscéral. C'est donc un organe intrapéritonéal jusqu'à l'*area nuda*, « zone nue » non péritonisée du foie centrée sur la veine cave inferieure, en contact avec la glande surrénale droite et adhérente au diaphragme par du tissu conjonctif de sorte que le foie est ancré dans la cavité péritonéale. L'*area nuda* est limitée par les deux feuillets du ligament coronaire qui convergent en ligament triangulaire droit **[11]**.

I.2. Architecture

I.2.1 Segmentation

Selon la segmentation hépatique de Couinaud (Figure 5), basée sur la division de la veine porte et du pédicule hépatique (artère hépatique et voie biliaire), le foie est divisé en huit segments numérotés de I à VIII **[12]**. Selon la division anatomique, le foie est composé d'un lobe gauche (1/3 du volume : segments I, II, III) et d'un lobe droit (2/3 du volume : segments IV, V, VI, VII, VIII) séparés par le ligament falciforme.

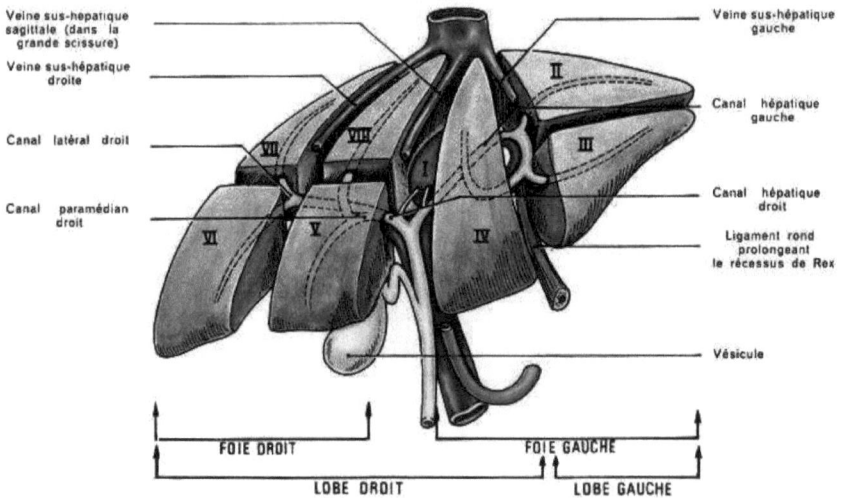

Figure 5 : Segments hépatiques [13].

I.2.2. Structure microscopique

A l'échelle microscopique (Figure 6), les principales cellules du foie, appelées hépatocytes, sont empilées en travées monocouches ou travées de Remak qui s'entrecroisent a l'instar des rayons de miel, en structures polyédriques. Chaque angle est occupé par une triade porte ou un espace porte ou encore appelée espace de Kiernan. Entre les membranes plasmiques des hépatocytes adjacents passent de fins canaux sans paroi propre appelés canalicules biliaires qui véhiculent la bile sécrétée par les hépatocytes. Les multiples petits passages entre les parois sont principalement remplis par les sinusoïdes, canaux sanguins, qui se comportent comme des capillaires.

L'espace de Disse, situé entre les hépatocytes et les sinusoïdes (tapissés d'un endothélium fenêtre), permet le transfert de substances dans les deux sens. Chacun de ces groupes de cellules constitue une structure fonctionnelle appelée lobule hépatique.

De structure hexagonale en coupe transversale, d'un diamètre moyen de 0,25 mm et est drainé par une veine centrale ou centro-lobulaire [11].

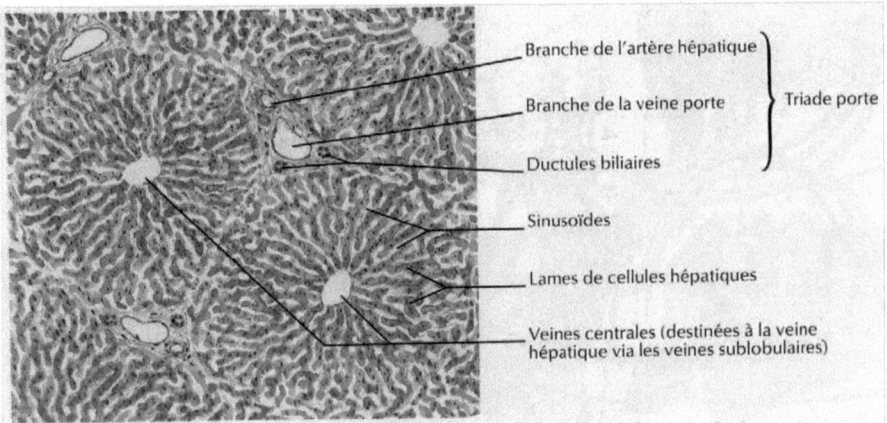

Figure 6 : Structure lobulaire normale du foie [14].

Le modèle structural (Figure 7) a été développé à partir de l'étude de nombreuses coupes histologiques. Il propose une représentation d'un lobule hépatique dans l'espace. Il montre que le lobule polyédrique se compose d'hépatocytes comportant une veine centrale au milieu. Elle permet au sang de se rendre vers les veines hépatiques. La triade périportale est située dans ce modèle entre deux lobules voisins, là où ils se réunissent.

Alors qu'artères et veines interlobulaires conduisent leur sang vers le sinus dont la paroi est solide, les conduits biliaires qui véhiculent la bile vers le conduit interlobulaire n'ont pas de paroi propre, passent aussi entre les hépatocytes, même si c'est de l'autre coté [15].

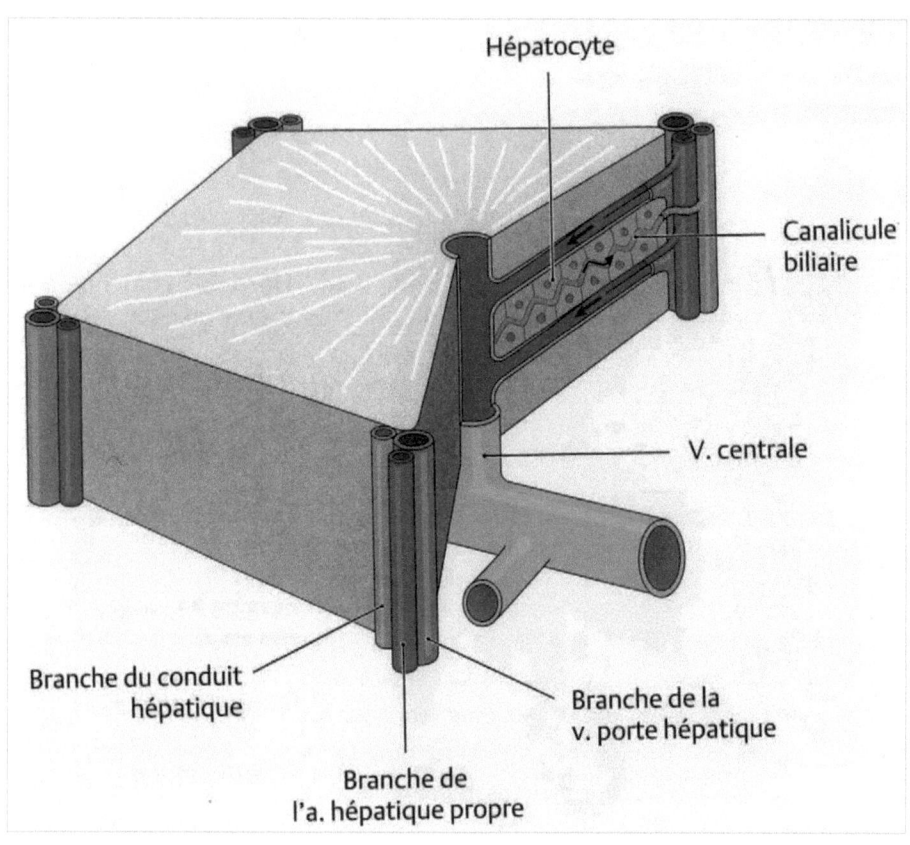

Figure 7 : Structure d'un lobule hépatique **[15]**.

En parallèle, la conception architecturale de Rappaport propose de considérer l'**acinus hépatique** (Figure 8) comme l'unité structurale fonctionnelle du foie en lieu et place du lobule hépatique répondant davantage à la définition de la fonction hépatique.

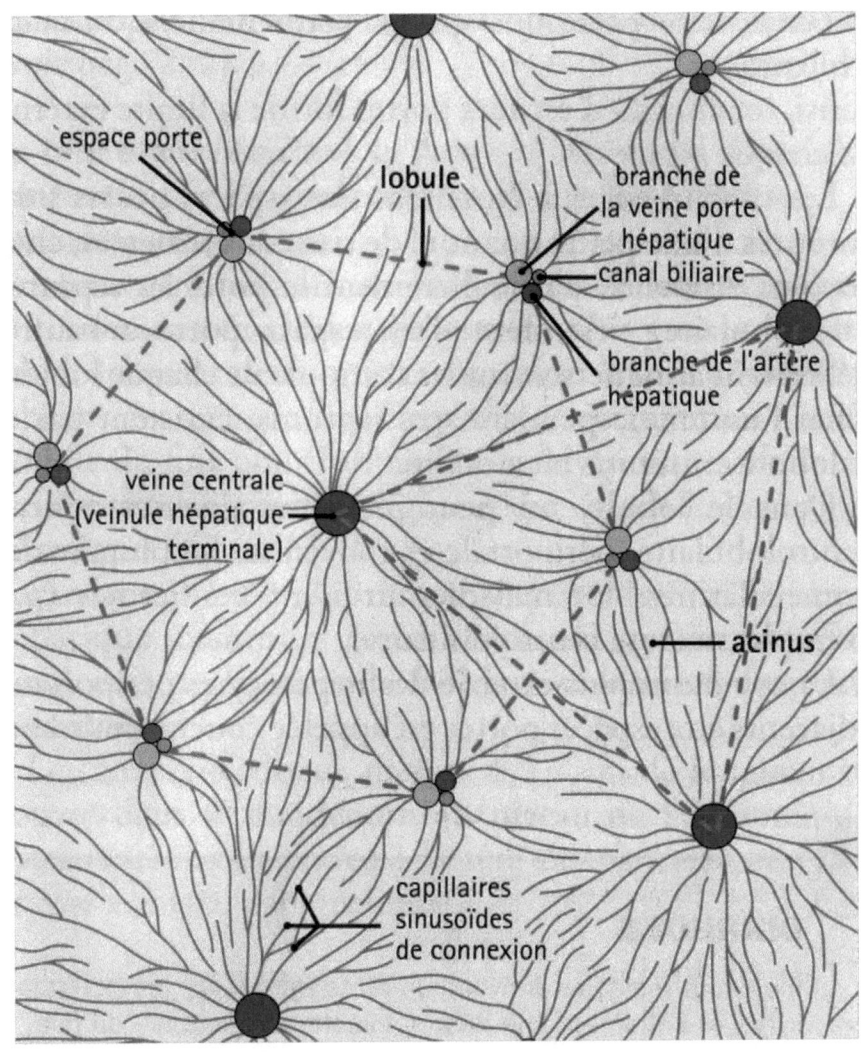

Figure 8 : Organisation structurale du foie: lobule et acinus **[16]**.

Si le centre du lobule hépatique est la veine centrale, l'acinus hépatique est centré sur l'espace porte. De forme généralement triangulaire en coupe transversale, il est délimité par trois veines centrales et se divise en trois zones arciformes comportant des hépatocytes aux fonctions métaboliques distinctes. Les hépatocytes contigus à l'espace porte (zone périportale ou afférente), recevant le sang le plus oxygéné, contiennent des enzymes de la réaction oxydative et élaborent et stockent du glycogène et des protéines. En revanche, ceux attenant aux veines centrales, où le sang est le moins oxygéné, contiennent beaucoup d'estérases impliquées dans les réactions de conjugaison de détoxication mais peu d'enzymes oxydatives (zone centrolobulaire ou efférente). Les hépatocytes intermédiaires ont des propriétés homonymes (zone mediolobulaire) [16].

I.2.3. Les cellules du foie

Le foie est doté de cellules parenchymateuses, les hépatocytes et de quatre types cellulaires non parenchymateux, lui conférant une hétérogénéité cellulaire.

I.2.3.1. Les cellules non parenchymateuses

Différents types de cellules hépatiques contribuent à la régulation des fonctions hépatocytaires et réparent les lésions tissulaires (Figure 9).

  a. **Les Cellules endothéliales sinusoïdales :** ces cellules bordant la sinusoïde forment un endothélium fenêtre car elles présentent des fenêtres d'un diamètre de 100 nm permettant les échanges de petites molécules entre le sang et les hépatocytes. Une forte activité de pinocytose et d'endocytose est exercée. Dans l'espace de Disse, se trouvent aux cotés des fibres de collagène, d'autres types de cellules sinusoïdales situées de part et d'autre des cellules endothéliales ;
  b. **Les Cellules de Kupffer :** ces cellules macrophagiques ont un noyau aplati et condensé et un cytoplasme volumineux et peu contrasté mais surchargé de débris pigmentaires phagocytes. Elles font saillie dans la lumière des sinusoïdes. Outre la phagocytose, ces cellules secrètent des cytokines, des enzymes lysosomiales et génèrent des espèces activées de l'oxygène. Ces cellules sont très actives dans la réponse inflammatoire cellulaire par la présentation des antigènes ou la sécrétion de cytokines ;

c. **Les Cellules étoilées, stellaires ou cellules de Ito** : les vacuoles lipidiques du cytoplasme sont riches en vitamine A, 80% de la vitamine A de l'organisme y sont stockés. Ces cellules contribuent au soutien des sinusoïdes mais aussi à leur vasomotricité. La contraction des myofibrilles entraine une diminution du diamètre des sinusoïdes. Différents constituants de la matrice extracellulaire sont synthétisés par ces cellules ;
d. **Grands lymphocytes granulaires ou pit cells** : ces cellules possèdent une activité Natural Killer dans les sinusoïdes, en contact avec les cellules endothéliales et les cellules de Kupffer. Elles sont impliquées dans la défense antivirale et anti tumorale ;
e. **Les cellules épithéliales biliaires ou cholangiocytes** : ce sont les cellules cubiques et polarisées qui constituent le canal biliaire. L'ensemble de 3 ou 4 cellules forme un cholangiole. Elles concourent à la sécrétion de la bile, synthétisée et excrétée par les hépatocytes, en modifiant sa composition, notamment par les transporteurs (AE2, ASBT, CFTR, FIC1)[17].

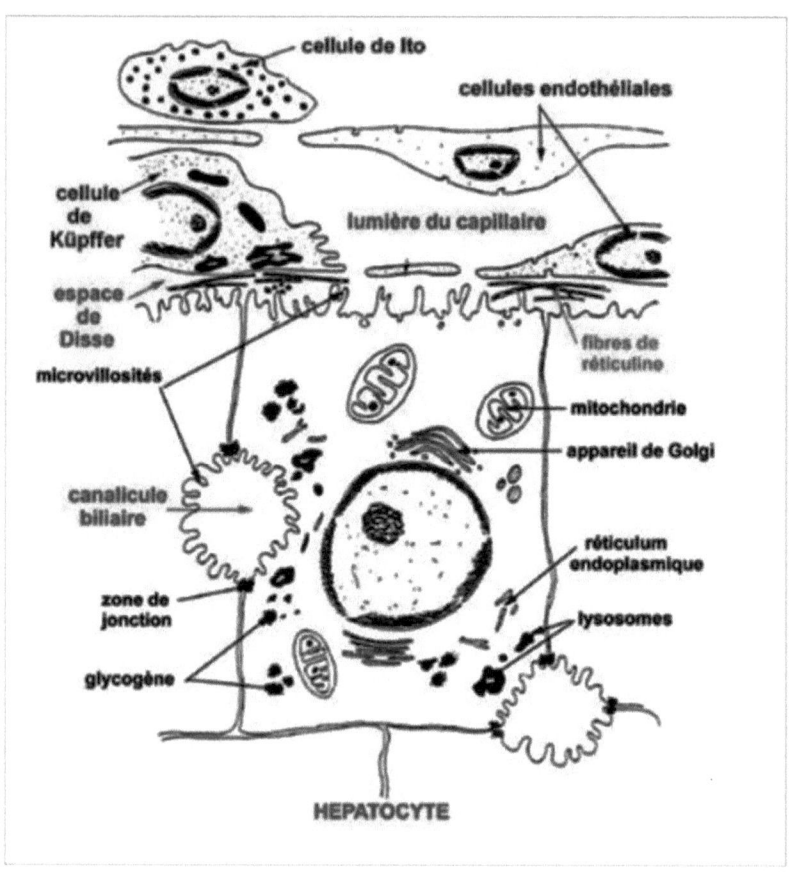

Figure 9 : Les cellules hépatiques **[17]**.

I.2.3.2. Les hépatocytes

Les hépatocytes, cellules principales fonctionnelles du foie, représentent 80% du volume du foie soit un nombre d'environ 100 milliards dans un foie humain. Ils sont en lien étroit soit avec les sinusoïdes permettant des échanges avec le sang par l'espace de Disse et forment à un de leurs pôles avec un hépatocyte adjacent le canalicule biliaire (Figure 10). Les hépatocytes sont de grandes **cellules épithéliales**, **polyédriques** (20 à 30 Um) **polarisées** au noyau arrondi dont la chromatine est disposée en périphérie et le nucléole bien visible. Le noyau, qui occupe 5 à 10% du volume cellulaire, a une taille variable selon la **ploïdie**, qui augmente avec l'âge. En effet, plus de la moitié des noyaux a pour caractéristique de contenir deux fois le lot normal de chromosomes, ils sont dits tétraploïdes, et nombre de ces cellules contiennent quatre à huit fois le lot de chromosomes (polyploïdes). De plus, 15 à 20% des cellules sont normalement binucléées (contiennent deux noyaux). Dans le foie adulte normal, l'indice mitotique est très faible, inférieur à 1 pour 1000 **[16]**.

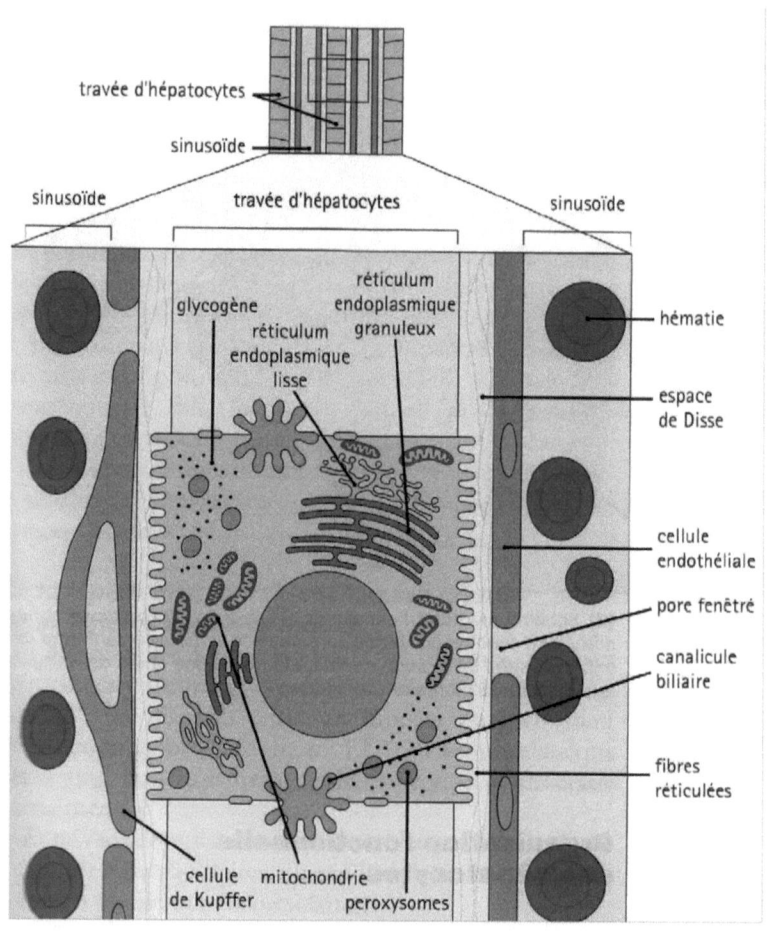

Figure 10 : Les Hépatocytes **[16]**.

I.3. Vascularisation

La vascularisation du foie a une double origine (Figure 11) :

I.3.1 La veine porte

Est le confluent des veines mésentérique supérieure et splénomésaraique. L'apport sanguin de la veine porte représente 60 à 70 % du sang total que reçoit le foie. Des anastomoses portocaves physiologiques existent par l'intermédiaire des veines œsophagiennes, sous muqueuses, hémorroïdales, ombilicale et de nombreuses veines péritonéales. Ces anastomoses ont un rôle minime mais peuvent prendre un développement important en cas d'hypertension portale.

I.3.2 L'artère hépatique

Est une branche terminale de l'artère hépatique commune, elle-même issue du tronc cœliaque. L'artère hépatique est richement anastomosée; elle apporte 20 à 25% du sang total du foie dont il assure 50% de l'oxygénation. Le sang hépatique est drainé par trois veines sus hépatiques (droite, médiane et gauche) qui se jettent dans la veine cave inférieure. Le drainage lymphatique du foie est assuré par un réseau de lymphatique superficiel et profond [18].

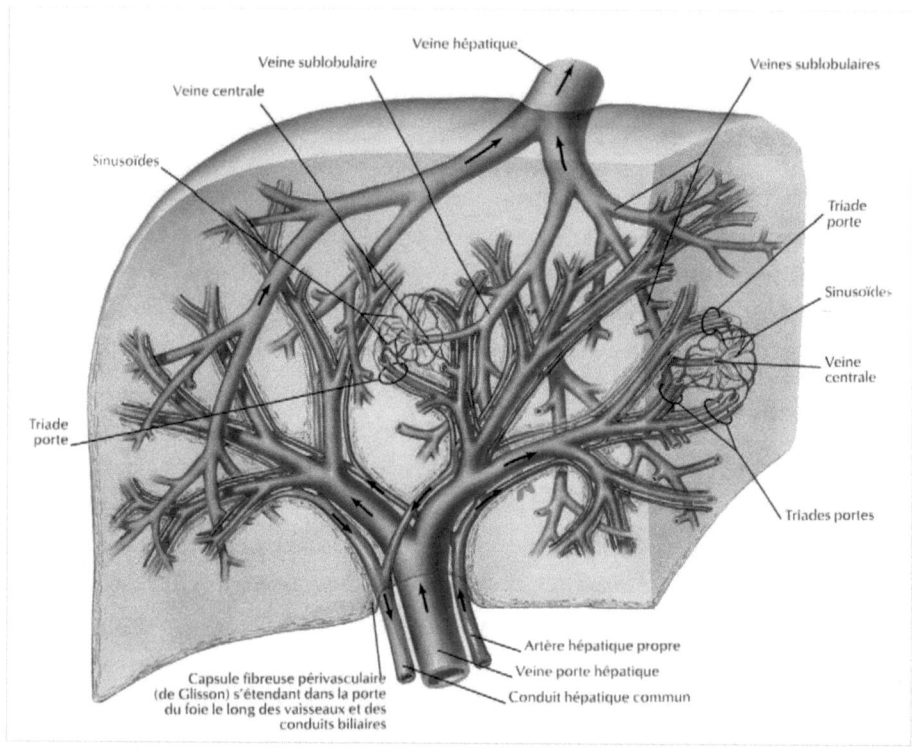

Figure 11 : Système des vaisseaux et des conduits intra-hépatiques [14].

I.4. Régénération du foie

Bien que le foie adulte soit un organe quiescent, il possède néanmoins une capacité unique lui permettant de réguler sa croissance et sa masse. Les hépatocytes sains possèdent une longue durée de vie et une prolifération très faible. Par exemple chez le rat moins de 1 hépatocyte sur 10.000 se divise et cette caractéristique est accompagnée par une apoptose négligeable. Toutefois, ces cellules sont capables de reprendre leur prolifération suite à une agression par des agents toxiques ou hépatectomie partielle [19].

L'hépatectomie partielle standard consiste en une ablation des deux tiers du foie induisant une régénération de la totalité de la masse hépatique après quatre à six semaines. Cette régénération est sous l'influence de différents facteurs de croissance tels que l'EGF [20], l'HGF et le TGF-alpha [21]. Dans ces conditions, la croissance s'arrête une fois la taille initiale atteinte.

Chapitre II

Le cancer du foie

II.1. Généralités sur la tumorigenèse

La tumorigenèse ou cancérogenèse résulte d'une succession progressive d'altérations génétiques et épigénétiques qui favorisent la transformation de la cellule normale en cellule maligne en perturbant les processus clés impliqués dans le contrôle de la croissance normale et de l'homéostasie tissulaire [7].

En 2000, les caractéristiques du cancer définies par Hanahan et Weinberg étaient au nombre de six : autosuffisance vis-à-vis des signaux de croissance, insensibilité aux signaux inhibant la croissance, invasion tissulaire et métastases, potentiel de réplication illimité, angiogenèse active, évitement de l'apoptose (Figure 12). Derrière ces caractéristiques se trouvent l'instabilité du génome et l'inflammation (Figure 13).

A ces six caractéristiques décrites en 2000, s'ajoutent en 2011, deux caractéristiques émergentes (Figure 13) : le potentiel de reprogrammation du métabolisme énergétique et l'échappement à la destruction immunitaire [22]. Le processus de transformation se déroule en 3 étapes (l'initiation tumorale, puis la promotion et la progression) (Figure 14) qui aboutissent à la formation de la tumeur responsable de la pathologie cancéreuse [23].

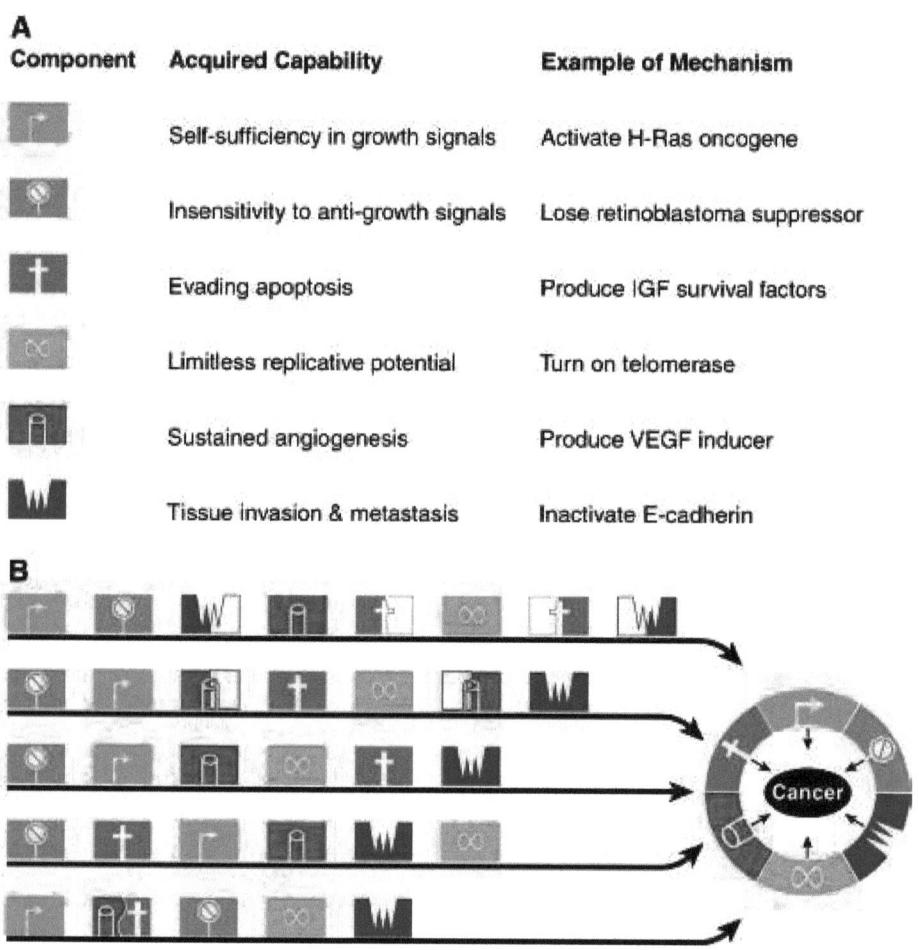

Figure 12 : Les différentes voies de la cancérogenèse. Les caractéristiques (A) sont acquises selon un ordre et une manière (B) dépendants du type de cancer [7].

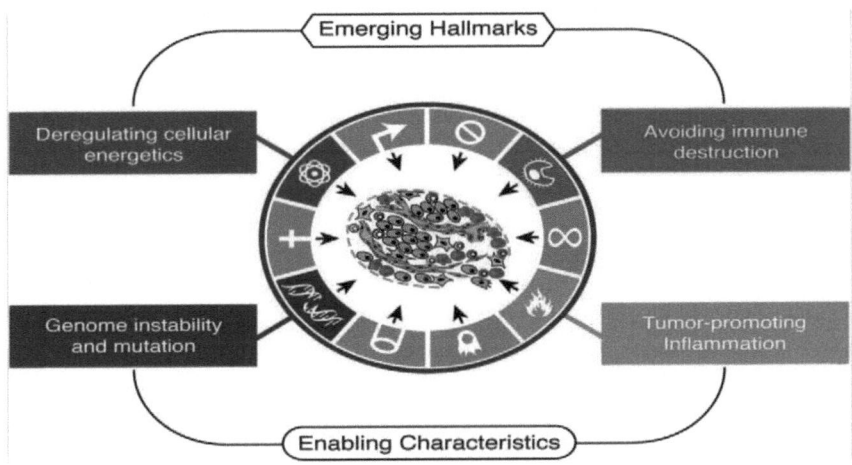

Figure 13 : Les nouvelles caractéristiques fonctionnelles acquises du cancer [22].

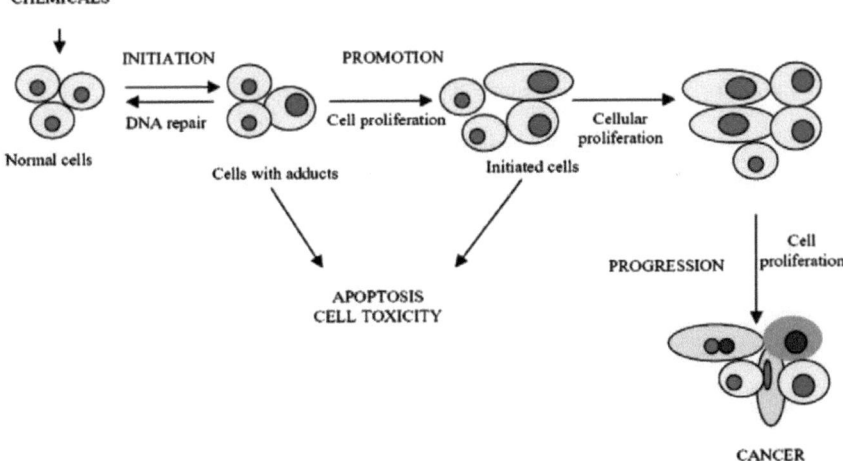

Figure 14 : Les 3 étapes de la cancérogenèse [23].

II.2. Les tumeurs malignes du foie

Il existe deux grandes catégories de cancers hépatiques : les cancers primitifs du foie et les cancers secondaires du foie. Notre étude est basée sur le cancer primitif du foie dont nous détaillons ci-dessous les différents types histologiques les plus fréquents, et à titre informatif nous caractérisons le cancer secondaire du foie afin de le distinguer du cancer primitif.

II.2.1. Les cancers primitifs du foie

Les cancers primitifs du foie ou PLC (Primary Liver Cancer) sont des cancers qui surviennent au niveau du foie de manière spontanée. Ils regroupent les tumeurs épithéliales malignes et les tumeurs conjonctives ou mésenchymateuses malignes. Le code « C22 » a été attribué à tous les cancers primitifs touchant le foie et les voies biliaires dans l'ICD-10 (International Classification of Disease 10th revision) [24]. Le carcinome hépatocellulaire (CHC) est communément appelé cancer primitif du foie car il demeure le plus fréquent et le plus étudié des cancers primitifs du foie. Les autres types hystologiques de cancer primitif du foie, tels que le cholangiocarcinome, n'ont pas donné lieu à beaucoup d'études contrôlées.

II.2.1.1. Les tumeurs épithéliales malignes

II.2.1.1.a. Le carcinome hépatocellulaire (CHC) ou hépatocarcinome

Le carcinome hépatocellulaire est la tumeur hépatique primitive la plus fréquente (85-90% des tumeurs hépatiques) [6]. Il se développe à partir des hépatocytes, le plus souvent sur une cirrhose (75 à 80% des cas), plus rarement sur une hépatopathie chronique non cirrhotique, et exceptionnellement sur un foie sain. Le CHC est très vascularisé avec une vascularisation exclusivement artérielle par néoangiogenèse tumorale [25].

1) **Macroscopie**

Le carcinome hépatocellulaire est une tumeur nodulaire molle unique avec parfois des nodules satellites de moins de 2 cm et siégeant à moins de 2 cm de la tumeur principale, soit une lésion diffuse et/ou multifocale, souvent polychrome, blanche, beige, jaune, ou verdâtre avec des remaniements nécrotiques et hémorragiques. L'aspect varie selon la taille des nodules.

2) Histologie

Histologiquement, une des voies de développement du CHC est : cirrhose→ nodule régénératif→ nodule dysplasique de bas grade→ nodule dysplasique de haut grade→ CHC bien différencié. Le nodule régénératif est formé d'une architecture trabéculaire, une à deux assises de cellules, avec réseau réticulinique conservé et composé d'hépatocytes normaux, renfermant des espaces portes et veines hépatiques. Le nodule dysplasique de bas grade présente une architecture proche de la normale, travées un peu épaissies mais difficile à différencier d'un macronodule régénératif. Il comporte des foyers de dysplasie à petites ou à grandes cellules. Le nodule dysplasique de haut grade présente des atypies architecturales et cytologiques sans critères stricts de malignité ou d'invasivité.

❖ **Le score de Métavir**

Ce score est utilisé pour quantifier l'atteinte parenchymateuse du foie en appréciant l'activité de la lésion (A0 à A3) et la progression de la fibrose (F0 à F4).

	Activité (grade)
A0	Sans activité
A1	Activité minime
A2	Activité modérée
A3	Activité sévère
	Fibrose (stade)
F0	Sans fibrose
F1	Fibrose portale sans septa
F2	Fibrose portale avec quelques septas
F3	Fibrose septale sans cirrhose
F4	Cirrhose

Tableau I: Le Score de Métavir [26].

Concernant le CHC, il existe :

- des types infiltratifs (10-15%)

- des types nodulaires (85-90%)
- des types mixtes

Les carcinomes hépatocellulaires sont classés en tenant compte de : l'architecture et la cytologie [27], et la classification d'Edmonson et Steiner [28].

a. Le CHC bien différencié (Grade I et II d'Edmonson et Steiner)

Il a une architecture trabéculaire et pseudo-acineuse. Les cellules sont souvent de plus petite taille que les hépatocytes normaux, non fonctionnels, avec un noyau parfois élargi, comportant un petit nucléole. Présence fréquente d'amas biliaires au sein des structures pseudo-tubulées ou intracytoplasmiques. Ce profil est spécifique des petits CHC (moins de 2 cm).

b. Le CHC moyennement différencié (grade III d'Edmonson et Steiner)

L'architecture est trabéculaire et massive, avec des atypies nucléaires marquées et des structures pseudo-acineuses rares. Les cellules ont un noyau élargi et comportent un nucléole proéminent.

c. Le CHC peu différencié (grade IV d'Edmonson et Steiner)

Perte de l'architecture trabéculaire. Les cellules tumorales peuvent présenter une inflexion fusiforme avec des atypies nucléaires très marquées et une forte activité mitotique.

Les cellules tumorales des CHC peuvent comporter des vacuoles de stéatose, du glycogène avec un aspect clarifié du cytoplasme, des globules hyalins (amas d'alpha-1-antitrypsine), des inclusions rose-pâles (amas de fibrinogène) des corps de Mallory.

Il existe plusieurs variantes dont deux présentant des particularités à connaître :

- **Le carcinome hépatocellulaire fibrolamellaire**

C'est un type histologique rare de CHC (5%), se développant plutôt chez les sujets jeunes de moins de 40 ans, sur un foie sain non cirrhotique [29].

- ✓ **Macroscopie :**

C'est une tumeur nodulaire ferme beige, marron ou blanchâtre, parfois verdâtre.

✓ **Histologie**

Présence d'une architecture trabéculaire et pseudo-glandulaire. Le stroma fibreux, abondant, hyalinisé, comportant parfois des calcifications. Les cellules sont arrondies ou polygonales au cytoplasme éosinophile, granuleux, d'allure oncocytaire. Les noyaux sont souvent volumineux avec un nucléole proéminent. Présence d'inclusions intracytoplasmiques éosinophiles pâles (amas de fibrinogène), des globules hyalins (dépôts d'alpha-1-antitrypsine), des dépôts de cuivre (rhodanine) et des corps de Mallory.

L'évolution est plus lente que le CHC classique **[25]**. Cette tumeur métastase rarement et son pronostic est meilleur que celui du CHC même si sa taille peut aller jusqu'à 10 voire 20 cm **[29]**.

- **L'hépato-cholangiocarcinome**

C'est une tumeur présentant deux composantes intriquées : une composante de carcinome hépatocellulaire et une composante de cholangiocarcinome **[29]**.

II.2.1.1.b. Le cholangiocarcinome ou carcinome cholangiocellulaire (CCC)

C'est une tumeur plus rare, la deuxième plus fréquente des tumeurs hépatobiliaires primitives de l'adulte (5-10%), développée à partir des cellules épithéliales des voies biliaires. Il existe des formes extra-hépatiques (90% des CCC) ou des formes intra-hépatiques (10% des CCC). Dans certaines parties du monde, l'incidence du cholangiocarcinome est très élevée, dû à une infection des canaux biliaires par la douve du foie (*Opistorchis viverrini*) suite à la consommation de poissons crus **[30-31]**.

1. **Macroscopie**

Il existe deux formes :

- **Le cholangiocarcinome périphérique** est une tumeur nodulaire, polylobée, blanchâtre, indurée habituellement développée sur foie non cirrhotique.

- **Le cholangiocarcinome hilaire** est une tumeur bourgeonnante blanchâtre indurée, mal limitée, intracanalaire, entraînant des sténoses et des dilatations des voies biliaires, pouvant s'étendre au parenchyme hépatique le long des canaux biliaires.

2. Histologie

L'architecture est tubulée, trabéculaire, parfois pseudo-papillaire. Les Cellules sont cylindriques au cytoplasme éosinophile au noyau régulier, avec des formes de carcinome cholangiocellulaire bien différencié. Les cellules sont aussi cylindro-cubiques au cytoplasme parfois clair, au noyau atypique. Le stroma est abondant, fibreux. Les engainements tumoraux périnerveux sont fréquents. Il existe rarement des lésions dysplasiques au niveau de l'épithélium des canaux en périphérie de la tumeur.

Histologiquement, on distingue plusieurs variantes :

- Cholangiocarcinome mucineux, à cellules indépendantes,

- cholangiocarcinome à cellules claires,

- cholangiocarcinome à stroma lymphoïde,

- cholangiocarcinome sarcomatoïde,

- cholangiocarcinome adénosquameux ou mucoépidermoïde.

L'évolution est plus rapide que pour le CHC [25].

II.2.1.1.c. L'hépatoblastome

L'hépatoblastome est le cancer primitif du foie le plus fréquent chez l'enfant de moins de 3 ans. C'est une tumeur maligne qui se développe à partir de cellules du foie embryonnaire au cours de la petite enfance. Ce cancer est marqué par une forte prédominance masculine, avec un sex-ratio de 2. Il est en général diagnostiqué suite à une importante hépatomégalie avec un taux élevé d'alpha-fœtoprotéine [29].

II.2.1.1.d. Le cystadénocarcinome biliaire

Il est issu de la transformation maligne du cystadénome biliaire **[25]**.

a) Macroscopie

L'aspect de la tumeur est kystique souventpluriloculaire, à contenu souvent mucoïde épais, avec parfois des nodules solides blanchâtres et nécrotiques.

b) Microscopie

La tumeur kystique est bordée par un épithélium souvent dysplasique, avec des projections papillaires, composé d'une ou de plusieurs assises de cellules, au noyau atypique, et souvent composante adénocarcinomateuse invasive, rompant la membrane basale et envahissant le stroma. Le stroma est pseudo-ovarien.

II.2.1.2. Les tumeurs conjonctives ou mésenchymateuses malignes

Les tumeurs conjonctives malignes sont beaucoup plus rares que les tumeurs épithéliales malignes **[25]**.

II.2.1.2.a. L'angiosarcome

C'est une prolifération angioblastique à partir des cellules endothéliales des sinusoïdes hépatiques, souvent secondaire à l'exposition à un carcinogène **[25]**.

II.2.1.2.b. L'hémangioendothéliome épithélioïde

C'est une tumeur fibreuse également développée à partir des cellules endothéliales des sinusoïdes hépatiques, qui prennent un aspect épithélioïde **[25]**.

II.2.2. Les cancers secondaires du foie

Les cancers secondaires du foie, à la différence des cancers primitifs, sont des cancers qui se sont développés dans un autre tissu et qui, dans un deuxième temps, colonisent le foie sous la forme de métastases **[29]**. Ce sont les tumeurs hépatiques les plus fréquentes. Des métastases hépatiques peuvent survenir lors de l'évolution de la plupart des tumeurs solides. Le foie est le site métastatique de prédilection des tumeurs du tube digestif et du pancréas, en raison du drainage veineux portal prédominant des organes digestifs. D'autres tumeurs atteignent le foie par voie artérielle, en particulier le cancer du sein, le mélanome, les tumeurs endocrines [27].

II.3. Epidémiologie du cancer du foie

Le cancer du foie est l'un des cancers les plus fréquents dans le monde. L'étude GLOBOCAN 2008, qui a estimé l'incidence et la mortalité de 27 cancers dans 182 pays, a montré que le cancer du foie était le cinquième cancer en termes d'incidence chez l'homme et le septième chez la femme, avec un nombre de nouveaux cas annuels estimé à 748 000 dans le monde (522 000 chez l'homme et 226 000 chez la femme) [2]. Ces chiffres sont en augmentation par rapport à l'étude GLOBOCAN 2000 qui estimait l'incidence du cancer du foie à 564 000 nouveaux cas annuels [32]. À l'échelon mondial, le cancer du foie aurait été responsable de 696 000 décès en 2008 [2]. Il s'agit du troisième cancer le plus meurtrier [1].

Il existe de très grandes variations géographiques dans l'incidence du cancer du foie dans le monde [3]. L'âge de survenue varie autour de 40 ans dans les zones à forte incidence, autour de 60 ans dans les pays à faible incidence. Les régions dans lesquelles les taux d'incidence sont les plus élevés sont l'Asie de l'Est et du Sud-est, l'Afrique Centrale et l'Afrique de l'Ouest. L'Europe, l'Amérique, le Japon et l'Australie sont considérés comme des zones à faible ou moyenne incidence [2].

Cette disparité d'incidence selon les régions du monde tient à la différence de répartition des facteurs étiologiques du cancer du foie. En Afrique et en Asie, les facteurs de risque les plus fréquemment mis en cause dans le développement du cancer du foie sont les hépatites virales chroniques B ainsi que l'exposition à l'aflatoxine B1. En Europe et en Amérique du Nord, les facteurs de risque du cancer du foie les plus fréquents sont les hépatites virales chroniques C, la consommation excessive d'alcool et la stéatose dysmétabolique non-alcoolique (*nonalcoholic steatohepatitis* [NASH]) [33].

En France, le nombre de nouveaux cas annuels était estimé à 5550 par l'étude Globocan 2008 [2]. En 2011, l'institut National du Cancer (INCa) a revu ce chiffre à la hausse et a estimé à 8200 le nombre de nouveaux cas annuels. Une très large prédominance masculine a été notée puisque l'incidence annuelle est de 10,4 pour 100 000 habitants chez l'homme et de 2 pour 100 000 habitants chez la femme [34].

Selon GLOBOCAN 2002, l'incidence standardisée estimée du cancer du foie chez les hommes au Maroc était un peu plus élevée que celle observée en Algérie (1,3 versus 0,8 pour 100 000 hommes/an) et moins élevée que celle estimée en Tunisie (2,5 pour 100 000 hommes/an) et restait beaucoup plus faible que celle estimée dans d'autres pays comme la France (10,7 pour 100 000 hommes/an). Alors que chez les femmes, cette incidence était similaire à celle en Algérie et en Tunisie (1,1 versus 1,0 et 1,2 pour 100 000 femmes/an, respectivement). Par contre elle était un peu plus faible que celle observée dans d'autres pays développés comme la France (2,2 pour 100 000 femmes/an) [35].

II.4. Facteurs de risque

II.4.1. La Cirrhose

La cirrhose est une dégénérescence progressive des tissus hépatiques. Les hépatocytes sont détruits par diverses agressions telles l'abus d'alcool, les hépatites, les infections médicamenteuses… et progressivement remplacés par de la fibrose qui empêche le foie de fonctionner normalement [36]. Le cancer du foie survient dans 80% à 90% des cas sur un foie cirrhotique [37]. Le risque d'apparition augmente après 20 à 30 ans d'évolution quelque soit l'étiologie de la cirrhose [38]. Il a été estimé que 20 à 40% des cirrhoses se compliquent de carcinome hépatocellulaire à plus ou moins long terme avec une incidence annuelle de 3 à 5 % [39].

II.4.2. L'hépatite virale B

L'infection chronique au virus de l'hépatite B (VHB) est un important facteur de risque de cancer du foie puisqu'il est mis en cause dans la survenue de plus de la moitié des carcinomes hépatocellulaires [40].

Les patients porteurs chroniques de l'antigène HBs ont environ 100 fois plus de risque de développer un cancer du foie que les patients non porteurs chroniques de l'Ag HBs [41].

La particularité du cancer du foie lié au virus de l'hépatite B réside dans le fait que le cancer du foie peut survenir même en l'absence de cirrhose hépatique, ceci étant expliqué par le mécanisme d'intégration du génome viral dans le génome des hépatocytes infectés. Le risque de développement du cancer du foie augmente avec la charge virale B et la durée de l'infection [42].

II.4.3. L'hépatite virale C

De multiples études épidémiologiques ont clairement mis en évidence l'association entre la cirrhose induite par le VHC et le développement d'un cancer du foie [43]. Alors que l'incidence du cancer du foie lié à l'hépatite B est en diminution grâce aux programmes de vaccination, celle du cancer du foie lié à l'hépatite C pour laquelle aucun vaccin n'est encore disponible est en nette progression [4]. Ceci explique en partie l'augmentation de l'incidence du cancer du foie dans les pays développés. À l'échelle mondiale, l'infection à HCV (*hepatitis C* virus) est mise en cause dans 31% des cas de cancers du foie [44]. L'incidence du cancer du foie parmi les individus présentant une cirrhose post-virale C est de 3 à 5% par an [45]. Le VHC est un virus à ARN qui est dépourvu d'activité transcriptase inverse et qui ne peut donc intégrer son génome dans celui de son hôte [46]. Certaines protéines du virus C peuvent agir sur des gènes cellulaires impliqués dans la prolifération ou la différenciation cellulaire, ce qui explique la détection de séquences virales du VHC dans de rares cas de cancers du foie développés sur un foie non cirrhotique [38].

II.4.4. L'hémochromatose héréditaire

L'hémochromatose héréditaire (HH), une maladie autosomique récessive rare caractérisée par une hyperabsorption du fer et donc une surcharge hépatique en fer devenant toxique pour le foie, est due à des mutations du gène *HFE* et/ou à d'autres mutations dans le mécanisme de métabolisme du fer [47]. L'HH non traitée entraînera une fibrose qui évoluera vers la cirrhose [48]. Certains cas de cancer du foie chez des patients souffrant d'HH en absence de cirrhose ont été recensés [49]. Le risque de survenue du cancer du foie chez les personnes présentant une hémochromatose est estimé à 200 fois celui de la population générale [50].

II.4.5. La stéato-hépatite non alcoolique

La stéato-hépatite non alcoolique ou NASH (non alcoolic steato-hepatitis) est une hépatopathie potentiellement grave susceptible d'évoluer vers la fibrose dans plus de 50 % des cas, et la cirrhose dans 15 % des cas avec risque de cancer du foie [51]. Le risque de survenue du cancer du foie serait cependant très minime lorsque la cirrhose est liée à la NASH en comparaison avec celui des sujets infectés par le VHC [52].

II.4.6. Les contraceptifs oraux

Les contraceptifs oraux semblent être associés au développement des tumeurs hépatiques bénignes telles que l'hémangiome hépatique, l'adénome hépatocellulaire ou l'hyperplasie nodulaire focale [53].

Dans le contexte d'adénomes hépatiques, une transformation maligne peut se produire après une durée moyenne d'utilisation de contraceptifs oraux égale à 11 ans [54]. La fréquence de survenue de carcinomes hépatocellulaires dans les cas d'adénomes hépatiques varie de 5% à 18% [55].

II.4.7. L'alcool

La consommation excessive d'alcool est une cause majeure de cirrhose et de cancer du foie surtout en Amérique du Nord et en Europe, notamment en France [56]. L'implication de la consommation excessive et chronique d'alcool dans la genèse du cancer du foie, est principalement due à l'apparition d'inflammation chronique du foie et d'une cirrhose par la suite [6]. La prévalence du cancer du foie au cours des cirrhoses alcooliques varie de 7 à 13 % [57].

II.4.8. Le tabac

L'effet du tabac sur le développement du cancer du foie est biologiquement plausible, lié au potentiel cancérigène de plusieurs ingrédients contenus dans le tabac, qui sont métabolisés au niveau du foie [58]. Une étude coréenne a montré que le risque de cancer du foie était augmenté de 50% chez les fumeurs comparés aux personnes n'ayant jamais fumé [59]. Le rôle carcinogène du tabac reste encore controversé [60].

II.4.9. Le sexe

Les hommes ont un risque plus élevé de développer un cancer du foie. Une des explications semble être que les facteurs hormonaux pourraient jouer un rôle puisque les androgènes seraient capables de promouvoir le cancer du foie [61]. Une autre explication de la prédominance masculine du cancer du foie est la moindre fréquence des hépatopathies chroniques chez les femmes en comparaison aux hommes [62].

II.4.10. L'âge

L'âge est un facteur de risque constant de cancer, étant donné que le temps augmente le risque de survenue des mutations. L'âge moyen où les gens sont diagnostiqués avec un cancer du foie dépend grandement des facteurs de risques associés à son développement [63]. L'âge de survenue varie autour de 40 ans dans les zones à forte incidence, autour de 60 ans dans les pays à faible incidence [2].

II.4.11. Le surpoids et le diabète

Plusieurs études ont confirmé un lien entre le cancer du foie, l'obésité [64] et le diabète [65]. Une étude américaine a montré que le diabète était associé à une incidence double du cancer du foie et représentait un facteur de risque de cancer du foie indépendant de l'âge, du sexe et de l'ethnie [65]. Dans une large étude incluant plus de 900 000 sujets suivis prospectivement pendant 16 ans en moyenne, la mortalité liée au cancer primitif du foie était 5 fois plus élevée parmi les sujets obèses (indice de masse corporelle IMC supérieur à 35 kg/m^2) que chez ceux ayant un IMC normal [66].

II.4.12. L'aflatoxine B1

L'exposition à un carcinogène alimentaire dérivé des champignons *Aspergillus parasiticus* et *Aspergillus flavus*, l'aflatoxine B1, pouvant contaminer principalement les céréales type maïs, blé, mil, riz, les oléagineux comme les graines d'arachides, de tournesol, le soja, mais aussi dans les amandes, noisettes, noix, pistaches, figues, dattes, cacao, café, les épices (piments, poivre noir, safran, coriandre et gingembre)… est un important facteur de risque de survenue du cancer du foie [4]. L'Asie du Sud Est, l'Afrique Sub-saharienne et le Mexique sont des zones de forte exposition à l'aflatoxine. Dans ces régions, cette contamination alimentaire s'ajoute à l'infection par le virus de l'hépatite B pour favoriser le développement du cancer du foie [67].

II.4.13. Autres facteurs de risque

D'autres facteurs tels que certains carcinogènes chimiques, comme le chlorure de vinyle (angiosarcomes) pourraient favoriser l'apparition de tumeurs primitives du foie. La contamination par la douve du foie (*Opistorchis viverrini*) suite à la consommation de poissons crus est un facteur de risque important du cholangiocarcinome dans certaines régions du monde, telles que la Thaïlande [30]. Certaines maladies génétiques et métaboliques extrêmement rares joueraient un rôle dans la survenue du carcinome hépatocellulaire. En effet, des cas de CHC sur tyrosinémie de type 1, lors de glycogénoses, de la maladie de Wilson, de déficit en alfa-1-antitrypsine et dans le cas des Porphyries ont été décrits [62].

II.5. Classifications pronostiques du cancer du foie

Les systèmes de classifications pronostiques les plus utilisés comprennent : la **classification TNM** (Tumour Node Metastasis) [68], la **classification d'Okuda**[69], la **classification de Child-Pugh** [70] et la **classification BCLC** (Barcelona Clinic Liver Cancer) [71].

Ces différentes classifications sont d'une grande importance pour la détermination du pronostic et pour une meilleure décision thérapeutique, en fonction de différents paramètres [24].

II.5.1. La classification TNM

La **classification TNM** actuelle est largement utilisée dans les autres tumeurs, mais elle ne paraît pas appropriée pour évaluer la survie de malades porteurs d'un carcinome hépatocellulaire traité par résection chirurgicale ou transplantation car elle ne tient compte que des **caractéristiques tumorales** et pas de la fonction hépatique du malade [72]. Or, le pronostic du carcinome hépatocellulaire est basé sur 4 facteurs : les caractéristiques tumorales, la fonction hépatique, l'état général du patient et les traitements réalisés.

Stade AJCC/TNM	
T1	Nodule unique < 2 cm, pas d'invasion vasculaire
T2	
a	Nodule unique < 2 cm avec invasion vasculaire
b	Multiples nodules unilobulaires < 2 cm sans invasion vasculaire
c	Nodule unique > 2 cm sans invasion vasculaire
T3	
a	Nodule unique > 2 cm avec invasion vasculaire
b	Multiples nodules unilobulaires < 2 cm avec invasion vasculaire
c	Multiples nodules unilobulaires > 2 cm sans ou avec invasion vasculaire
T4	
a	Multiples nodules bilobulaires
b	Invasion vasculaire d'un gros vaisseau (porte ou hépatique)
c	Invasion d'un organe adjacent
Stade I	T1N0M0
Stade II	T2N0M0
Stade III	T1, T2 ou T3 N+M0
Stade IV	T4 ou M+

Tableau II: Classification TNM [68].

II.5.2. La classification d'Okuda

La **classification d'Okuda** permet surtout de définir le groupe de patients possédant un **mauvais pronostic** (stade Okuda III), car elle n'inclut pas des facteurs tel que le caractère uni ou multinodulaire de la tumeur, l'existence d'une thrombose porte ou de métastases et le taux d'alphafoetoprotéine. Elle étudie la valeur pronostique des facteurs suivants: le volume tumoral, la présence d'ascite, la bilirubinémie et l'albuminémie **[11]**.

Variables	0 point	1 point
Taille de la tumeur	< 50 % du volume du foie	≥ 50 % du volume du foie
Ascite	Absente	Présente
Albuminémie	≥ 30 g/L	< 30 g/L
Bilirubinémie	< 50 µmol/L	≥ 50 µmol/L

Stade I = 0 point, Stade II = 1 ou 2 points, Stade III = 3 ou 4 points

Tableau III : Classification d'Okuda [11].

II.5.3. La classification de Child-Pugh

La **classification de Child-Pugh** permet principalement de sélectionner des patients avec un **mauvais pronostic** (stade Child-Pugh C). Elle est basée sur la présence ou non d'une encéphalopathie, sur l'existence d'une ascite, la bilirubinémie, le taux de prothrombine et l'albuminémie. Mais, elle ne tient compte que de la **fonction hépatique [11]**.

Variables	Sévérité	Score
Encéphalopathie	Absente	1
	Modérée I-II	2
	Importante III- IV	3
Ascite	Absente	1
	Modérée	2
	Importante	3
Bilirubinémie (µmol/L)	< 34	1
	34 à 51	2
	> 51	3
Albuminémie (g/L)	> 35	1
	28 à 35	2
	< 28	3
Taux de prothrombine	> 50 %	1
	40 à 50 %	2
	< 40 %	3

Stade A = 5-6, Stade B = 7-9, Stade C = 10-15.

Tableau IV : Classification de Child-Pugh [11].

II.5.4. La classification BCLC

La **classification BCLC** intègre les **4 facteurs intervenant dans le pronostic du CHC**. Elle est d'utilisation facile et propose un algorithme de traitement correspondant aux différents stades. Cependant, elle est moins précise pour les stades intermédiaires. Les patients stade Child-Pugh C porteurs de petits CHC peuvent être candidats à un traitement curatif par transplantation, ce qui n'apparaît pas dans la classification actuelle où ils sont placés dans le stade C **[11]**. L'AASLD (American Association of the Study of Liver Diseases) et l'EASL (European Association for the Study of the Liver) ont approuvé et recommandé cette classification comme étant le **meilleur système de classification** permettant une décision thérapeutique adéquate **[72]**.

Stade	Indice de Performance	Morphologie tumorale	Okuda	Fonction hépatique
0 : stade très précoce	0	Unique, <2 cm	I	Child-Pugh A
A : stade précoce				
A1	0	Unique, < 5 cm	I	Pas d'HTP et bilirubine N
A2	0	Unique, < 5 cm	I	HTP, bilirubine N
A3	0	Unique, < 5 cm	I	HTP, hyperbilirubinémie
A4	0	3 tumeurs, < 3 cm	I-II	Child-Pugh A-B
B : stade intermédiaire	0	Multinodulaire	I-II	Child-Pugh A-B
C : stade évolué	1-2	Invasion vasculaire Métastases	I-II	Child-Pugh A-B
D : stade terminal	3-4	Indifférente	III	Child-Pugh C

Stade 0, A et B : tous les critères doivent être remplis, Stade C et D : un seul critère suffit.

HTP = hypertension portale.

Tableau V : Classification BCLC (Barcelona Clinic Liver Cancer) **[71].**

II.5.5. L'indice de performance de l'OMS

L'**indice de performance de l'OMS** permet d'évaluer l'**état général du patient**.

0	Capable d'une activité identique à celle précédent la maladie, sans aucune restriction
1	Activité physique diminuée mais ambulatoire et capable de mener un travail
2	Ambulatoire et capable de prendre soin de soi, incapable de travailler. Alité moins de 50% de son temps
3	Capable de seulement quelques soins personnels. Alité ou en chaise plus de 50% du temps
4	Incapable de prendre soin de lui-même, alité ou en chaise en permanence

Tableau VI : Indice de performance de L'OMS [73].

D'autres classifications pronostiques existent mais sont utilisées à moindre échelle. Par exemple, le score de CLIP (Cancer of the Liver Italian Program) est un score qui prend en compte le statut tumoral, l'invasion vasculaire, la fonction hépatique, et aussi le taux d'AFP (alpha-fœto-protéine). En revanche, l'état général de l'individu n'est pas pris en compte [74].

II.6. Dépistage et diagnostic du cancer du foie

II.6.1. Dépistage

Le dépistage des patients à risque (les patients cirrhotiques, les porteurs du VHB ou du VHC, les porteurs d'une maladie métabolique) est largement recommandé [72].

II.6.1.1. L'échographie

L'échographie, comme test de dépistage a une sensibilité de 65 à 80% et une spécificité de plus de 90% [39]. C'est l'examen de référence du dépistage car elle est accessible et peu coûteuse. Le rythme de surveillance recommandé est de 6 mois [72].

II.6.1.2. Alpha-fœto-protéine (AFP)

Le dosage de l'AFP sérique, comme marqueur tumoral, manque à la fois de sensibilité et de spécificité pour le dépistage et le diagnostic du cancer du foie [75]. La valeur de l'AFP est normale dans 80% des cancers de petite taille. Dans les petites tumeurs, le diagnostic est plutôt anatomo-pathologique que biologique, alors que dans les grosses tumeurs des taux très élevés d'AFP sont retrouvés. L'AFP présente un intérêt dans le suivi thérapeutique de patients traités lorsque la valeur de départ était élevée. Chez un sujet présentant une affection hépatique chronique, l'augmentation de l'AFP (>400-500 ng/ml) doit faire suspecter la survenue d'un cancer. Mais il faut bien préciser qu'une AFP basse n'exclut en aucun cas un cancer du foie et que des taux élevés (>400 ng/ml) sont aussi observés chez des patients atteints de cirrhose virale sans preuve d'un CHC [11]. Quelques centres pratiquent l'échographie et le dosage de l'AFP, ce qui augmente peut-être la sensibilité [76].

II.6.2. Diagnostic

Le diagnostic se fait par une série d'examens.

II.6.2.1. Circonstances de découverte

Le cancer du foie est parfois découvert de **manière fortuite** du fait que durant les premiers stades, le cancer primitif du foie peut ne présenter aucun signe ni symptôme [77].

Le cancer du foie peut aussi être découvert par la **surveillance de patients à risque** (patients ayant une cirrhose sur hépatite B ou C chronique, patients ayant un cancer extrahépatique, les porteurs d'une hémochromatose héréditaire, ...) [72].

Le cancer du foie se présente le plus souvent par la **survenue de symptômes** qui associent : un syndrome tumoral lié au volume de la tumeur (gêne ou douleur de l'hypochondre droit, hépatomégalie ou masse de l'hypocondre droit), un syndrome obstructif lié à la compression ou à l'invasion des voies biliaires (ictère, cholestase biologique), la décompensation d'une hépatopathie sous-jacente (ascite, ictère, hémorragie digestive par hypertension portale, insuffisance hépato-cellulaire), des signes généraux en rapport avec la nature néoplasique de l'affection (altération de l'état général, syndrome inflammatoire clinique ou biologique). Les complications peuvent être révélatrices comme une nécrose tumorale simulant un abcès hépatique ou une hémorragie tumorale à l'origine d'un syndrome hémorragique **[25]**.

D'autres problèmes de santé peuvent provoquer certains de ces symptômes. Des analyses poussées permettront de poser un diagnostic **[77]**.

II.6.2.2. Examen clinique

Les tumeurs malignes du foie peuvent être totalement asymptomatiques et découvertes de manière fortuite ou dans le cadre du dépistage des patients à risque, ou se présenter par des symptômes peu spécifiques : gêne ou douleur de l'hypochondre droit, hépatomégalie ou masse de l'hypocondre droit, ictère, cholestase, altération de l'état général **[25]**.

II.6.2.3. Examen biologique

L'alpha-foetoprotéine est un marqueur tumoral dont la sensibilité et la spécificité sont limitées. Seule une faible proportion des carcinomes hépatocellulaires débutants (10-20%) s'accompagne d'une élévation du taux d'**alpha-foetoprotéine [44]**.

II.6.2.4. Imagerie médicale

II.6.2.4.1. Echographie

L'échographie-doppler, couplée éventuellement à l'injection de produits de contraste **[78]** est une technique très prometteuse.

II.6.2.4.2. Tomodensitométrie

La tomodensitométrie (TDM) ou scanner est la technique offrant la meilleure résolution spatiale et la plus grande vitesse d'acquisition. Les limites du scanner sont la caractérisation des lésions de petite taille, et les contre-indications aux produits de contraste iodés utilisés pour l'exploration hépatique **[25]**.

II.6.2.4.3. Imagerie par résonnance magnétique

L'I.R.M (Imagerie par résonnance magnétique) est la technique qui donne les meilleurs résultats en termes de détection et de caractérisation des lésions hépatiques. Les limites de l'IRM sont sa moindre disponibilité, son coût plus élevé, le temps d'examen plus long et l'existence de quelques contre-indications [25].

II.6.2.4.4. Tomographie par émission de positrons

La TEP (Tomographie par émission de positrons) au fluoro-déoxyglucose (FDG) est très sensible pour la détection des lésions métastatiques hépatiques et extra-hépatiques. Ses limites sont le manque de sensibilité pour les petites lésions, son manque de spécificité, sa moindre résolution spatiale, son coût élevé et sa faible disponibilité [25].

II.6.2.5. Biopsie

L'histologie est une étape essentielle de la prise en charge d'une tumeur hépatique, en particulier lorsque l'imagerie n'a pas pu faire preuve de la bénignité. La biopsie hépatique est la méthode la plus spécifique pour la caractérisation des anomalies hépatiques [25]. Différentes techniques permettent d'obtenir un échantillon de tissu hépatique [79].

- ❖ La **biopsie percutanée** s'effectue par ponction directe du foie à travers la paroi abdominale.
- ❖ La **biopsie transjugulaire** s'effectue par cathétérisme des veines hépatiques avec injection de produit de contraste iodé. Elle est indiquée lorsqu'il existe une contre-indication à la biopsie transpariétale.
- ❖ L'**aspiration à l'aiguille fine** s'effectue par voie transpariétale et permet une analyse cytologique mais non histologique du prélèvement.
- ❖ La **biopsie chirurgicale** laparoscopique est une possibilité lorsque la biopsie transpariétale a échoué [25].

Chapitre III

Altérations moléculaires de la tumorigenèse hépatique

Une diversité du type et du nombre d'altérations génétiques a été observée suivant la localisation géographique et l'étiologie de la tumeur [80]. Si 200 gènes sont dérégulées au stade précoce du CHC, ils sont au nombre de 3000 au stade tumoral [81].

Les nombreuses altérations génétiques, accumulées pendant la cancérogenèse hépatique, peuvent être divisées en deux voies de cancérogenèse hépatique [11].

La première concerne les facteurs de risque des tumeurs du CHC qui inclut l'intégration de l'ADN du virus de l'hépatite B, la mutation de la protéine p53 chez les patients exposés à l'aflatoxine B1 et les mutations KRAS relatives à l'exposition au chlorure de vinyle.

La seconde regroupe les étiologies non spécifiques, incluant les gains et pertes récurrents de chromosomes, l'altération du gène p53, l'activation de la voie WNT/β-caténine à travers les mutations de CTNNB1/β-caténine et de l'AXIN1 (Axis Inhibition Protein), l'inactivation des voies du Rb (rétinoblastome, gène suppresseur de tumeurs) et de l'IGF2R (Insulin-Like Growth Factor 2 Receptor) par l'inactivation de Rb1 (rétinoblastome 1), P16 INK4 et IGF2R.

Les altérations majeures impliquées dans le cancer du foie sont observées dans quatre principales voies de signalisation (Figure 15) qui sont: la voie WNT/β-caténine, la voie PI3K-AKT-mTOR, la voie des RAS/RAF/MAPK et la voie du TGF-β.

Les investigations en cours visent à établir une chronologie dans les différents événements génétiques participant à la cancérogenèse hépatique afin de comprendre son processus multi-étape et d'ouvrir peut-être le champ vers de nouvelles cibles thérapeutiques [82].

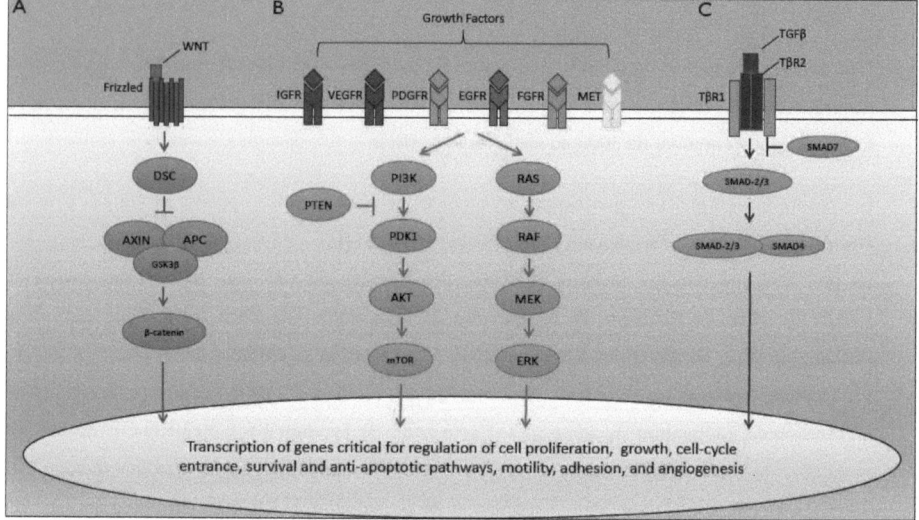

Figure 15 : Les principales voies de signalisation impliquées dans le cancer du foie [83].

    A. la voie WNT/β-caténine ; **B.** la voie PI3K-AKT-mTOR et la voie des RAS/RAF/MAPK ; **C.** la voie du TGF-β.

III.1. Le gène suppresseur de tumeur TP53

III.1.1. Mécanisme d'activation et fonctions

La protéine p53 possède des signaux de localisation nucléaire et est détectée de façon prédominante, sinon exclusive, dans le noyau. Lorsque la voie p53 n'est pas activée, la protéine est exportée du noyau vers le cytoplasme via son interaction avec Mdm2, qui agit comme un facteur d'export nucléaire et comme E3-ubiquitine ligase pour la dégradation rapide de p53 par le protéasome dans le cytoplasme. Des cassures de l'ADN, une oxydation, une alkylation de bases, la formation d'adduits massifs, l'hypoxie, l'hyperthermie, l'épuisement des ribonucléotides ou des microtubules, la perte d'adhésion cellulaire, la sénescence, le retrait de facteurs de croissance sont autant de facteurs capables d'activer p53 **[84]**. Cette activation consiste en des modifications post-traductionnelles (phosphorylation des résidus sérine et thréonine au niveau du domaine amino-terminal, l'acétylation des résidus lysine au niveau du domaine carboxy-terminal et la stabilisation de la protéine) entrainant un changement de conformation, la p53 devient active et capable de se lier à ses RE (éléments de réponse) dans l'ADN **[85]**.

Après son activation, p53 enclenche une réponse cellulaire prenant deux voies, une voie dépendante et une voie indépendante de la transcription. La première comprend sa fixation spécifique sur des régions régulatrices des gènes qui contrôlent le cycle cellulaire et/ou l'apoptose **[86]**. Dans la deuxième, elle interagit spécifiquement avec diverses protéines qui contrôlent la transcription, la réplication et la réparation de l'ADN. C'est une protéine multifonctionnelle qui protège l'intégrité du génome en activant des réponses antiprolifératives, elle est qualifiée du titre de « gardien du génome » **[87]**.

III.1.2. Altérations de P53 et cancer du foie

L'inactivation de la voie p53 est fortement corrélée avec la cancérogenèse hépatique (Figure 16). En effet, l'inhibition de l'expression de p53 chez des souris induit l'apparition de tumeur dans le foie, alors que la réactivation de p53 peut produire une régression complète de la tumeur via l'induction d'un programme de sénescence cellulaire associé à la surexpression de cytokines inflammatoires et le déclenchement d'une réponse immunitaire ciblant les cellules cancéreuses **[88]**. Le gène suppresseur de tumeurs p53 (17p13) est muté dans 20 à 50% des carcinomes hépatocellulaires. La protéine virale VHC-core, du virus de l'hépatite C peut modifier l'activité de régulateurs du cycle cellulaire comme p53, stimulant ainsi la survie et donc l'acquisition de mutations **[89]**. Il a été démontré que la protéine virale HBx du Virus de l'hépatite B avait la capacité d'inhiber l'activité de p53 **[90]**. Par son pouvoir mutagène l'AFB1 (Aflatoxine B1) peut induire la perte de fonction de p53. Dans les régions de forte prévalence aux infections chroniques par le VHB et où la contamination alimentaire par l'aflatoxine est élevée, la mutation *R249S* (transversions G:C vers T:A au niveau de la troisième base au codon 249 entrainant la substitution de l'arginine par la sérine) du gène *TP53* est fréquemment observée dans les CHC **[36]**. Des données démontrent que la mutation *R249S* de TP53 est accélérée par la présence de la protéine HBx du VHB qui interagit avec elle **[67]**. Cette interaction expliquerait la diminution d'apoptose dépendant de p53 et l'augmentation d'instabilité génétique des hépatocytes entrainant l'accumulation de mutations dans ceux-ci. Il a été démontré que les cellules exprimant la protéine HBx et la mutation *R249S* montrent une activité transcriptionnelle de p53 très diminuée (18%) **[36]**.

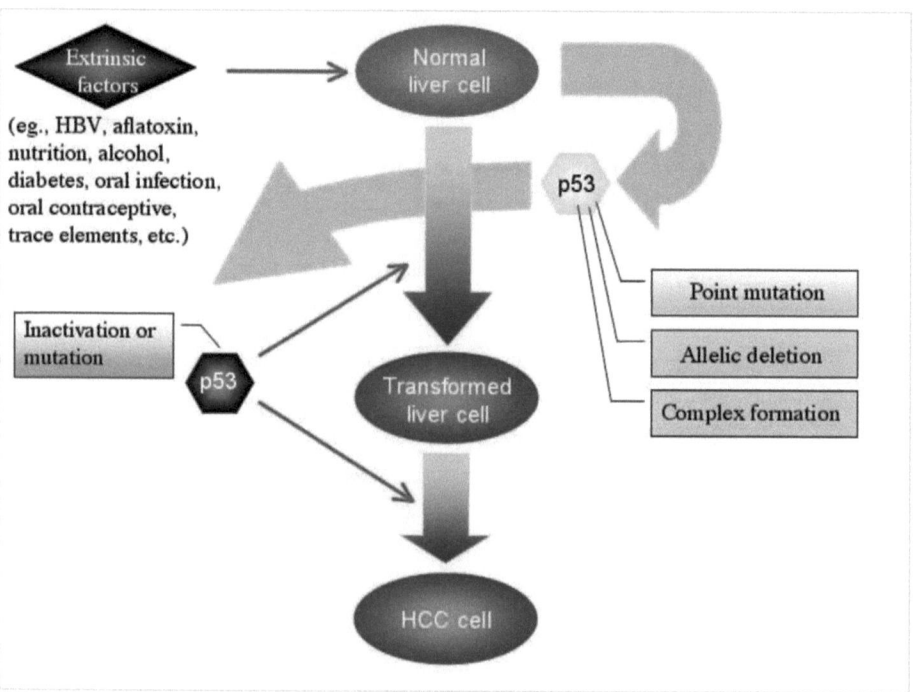

Figure 16: Illustration schématique de l'implication de p53 dans l'hépatocarcinogénèse **[91]**.

III.2. Autres altérations moléculaires du cancer du foie

III.2.1. TGF-β/Smad

Le TGFβ est une cytokine multifonctionnelle. Dans les cellules saines, il inhibe la prolifération cellulaire et induit l'apoptose, inhibant ainsi le processus de cancérisation [92]. Dans l'environnement tumoral, la quantité de TGF-β augmente en début de cancérisation afin d'empêcher le développement malin, puis les cellules tumorales détournent la signalisation du TGF-β à leur propre avantage. La réponse au TGF-β bascule entre anti-tumorale et pro-tumorale [93]. La voie de signalisation du TGFβ reste active dans le cadre du CHC, puisque des mutations inactivatrices dans les gènes de Smad2 et de Smad4 ont été mises en évidence dans moins de 10% des cas [94]. Plusieurs protéines du VHC inhibent l'induction d'apoptose par le TGFβ favorisant ainsi le développement du CHC : la protéine Core et les protéines non structurelles NS3 et NS5A [95].

III.2.2. β-caténine

La β-caténine, une protéine à triple localisation membranaire, cytoplasmique ou nucléaire, qui intègre l'adhésion cellulaire (en interagissant avec l'E-Cadhérine) et le contrôle de la prolifération (en interagissant avec les facteurs de transcription TCF et Lef dans le contrôle de l'expression d'oncogènes tels que *MYC1* ou *CCDN1*) [36]. Les mutations activatrices du gène *CTNNB1* de la β-caténine entraînant une signalisation aberrante et continue, sont rencontrées dans 30 à 40% des CHC [96].

III.2.3. AXIN1/APC

Les mutations inactivatrices des gènes AXIN1 (Axis Inhibition Protein) (15%) et APC (adenomatous polyposis coli) (2%) ont été observés dans le cancer du foie [97]. Le gène APC doit son rôle suppresseur de tumeur à sa participation à la dégradation de la β-caténine [98].

III.2.4. C-Myc

Le gène *C-MYC1* est un oncogène surexprimé dans certains cas de cancer du foie. Les protéines HCV core du virus de l'hépatite C et HBx du virus de l'hépatite B, douées de propriétés transactivatrices sont capables de stimuler l'expression de *MYC1* **[99]** et favoriser la migration et l'invasion cellulaires observées au cours du processus de transformation **[100]**.

III.2.5. EGFR/ VEGFR/PDGFR/FGFR

EGFR est un récepteur à activité tyrosine kinase et un oncogène impliqué dans certains cas de cancer du foie. Les altérations de l'EGFR (mutation du gène *egfr*, surexpression de la protéine EGFR par augmentation du nombre de copies de gêne et/ou régulation transcriptionnelle ou post transcriptionnelle) entrainent un signal constitutif de prolifération cellulaire et stimule la formation de néovaisseaux ainsi que la capacité métastatique des cellules tumorales **[101]**. VEGFR, PDGFR et FGFR sont aussi d'autres récepteurs tyrosine kinases impliqués dans le cancer du foie par leur surexpression et/ou leur activation **[83]**.

III.2.6. K-ras

Par son pouvoir mutagène l'AFB1 peut induire l'activation de proto-oncogènes comme *KRAS* ou *NRAS* **[36]**. HBx est capable d'activer des cascades de transduction du signal comme la voie Ras-Raf-MAPK menant à l'expression de nombreux gènes. Ainsi en activant la voie Ras, HBx jouerait un rôle dans la prolifération et la tumorigenèse **[102]**. La régulation positive de la voie des MAP kinases peut être impliquée dans l'instabilité chromosomique observée dans les CHC.

III.2.7. Rb/P16

Les mutations des gènes suppresseurs de tumeur *RB1* (Rb) et *CDKN2A* (p16INK4A) ont été trouvés dans des cas de CHC et sont impliqués dans la prolifération incontrôlée des cellules cancéreuses **[103]**. Les pertes d'hétérozygotie affectent souvent des loci contenant des gènes suppresseurs, comme *RB* (13q14) **[104]**.

III.2.8. Mdm-2

Mdm-2 (mouse double-minute 2), protéine régulatrice de la stabilité et de la fonction de p53, est un oncogène parfois muté dans le cancer du foie **[103]**.

III.2.9. IGF-2R

IGF-2R, un gène suppresseur de tumeur, piège et induit la dégradation du ligand à activité mitogène IGF-2 libre et active aussi la voie du TGF-β inhibant ainsi la prolifération cellulaire et la cancérogenèse [103]. Les altérations de l'IGF-2R résultent de la surexpression du ligand IGF-2 et la réduction des effets inhibiteurs de la voie du TGF-β qui est souvent observée dans le cancer du foie [63].

III.2.10. PI3K/PTEN/Akt

Une activation du récepteur tyrosine kinase, ou plus rarement une activation constitutive de PI3K et la méthylation du promoteur du suppresseur de tumeur PTEN, inhibiteur de Akt, ont été reportées dans l'étude du cancer du foie. Ces altérations permettent la progression de la voie PI3K/PTEN/Akt et ainsi, la survie et la prolifération cellulaire [80].

Chapitre IV

Traitements du cancer du foie

Une fois que le cancer a été diagnostiqué, il existe de nombreuses méthodes thérapeutiques. La stratégie de traitement dépend de la nature de la tumeur, son stade de développement et son potentiel métastatique.

IV.1. Les traitements curatifs

Les traitements curatifs font appel à la transplantation hépatique, à la résection chirurgicale et aux traitements percutanés. Ils concernent surtout les patients ayant un cancer de stade très précoce (BCLC 0) et de stade précoce (BCLC A). Le but des campagnes de dépistage est de détecter la tumeur à un stade précoce pour amplifier l'impact thérapeutique en offrant aux malades un traitement curatif.

IV.1.1. La transplantation hépatique

Le plus souvent, le foie endommagé se régénère automatiquement, dans le cas contraire, le foie peut être remplacé chirurgicalement. La transplantation permet de traiter à la fois la tumeur et la maladie chronique du foie sous-jacente [105]. Le pronostic est assez bon, mais il n'existe pas de modèle précis pour prédire les taux de survie. Pour les patients à tumeur unique, petite, inférieure à 5 cm et/ou 3 petites tumeurs inférieures à 3 cm, la survie à 5 ans est de 70% et le taux de récurrence inférieur à 15% [106]. La détection tardive du cancer du foie, la pénurie de greffons et le coût de cette méthode sont les facteurs limitants [107].

IV.1.2. La résection chirurgicale

C'est le traitement de référence en cas de découverte d'un cancer sur foie non cirrhotique et elle doit être préférée à la transplantation dans cette indication, compte tenu des mauvais résultats de cette dernière [108]. Les patients cirrhotiques ne peuvent être soignés par résection que s'ils ont des fonctions hépatiques préservées [109]. Cette technique consiste à enlever par chirurgie la partie du foie cancéreuse (jusqu'à 80 % de la masse du foie peut être enlevée) [110]. Pour une petite lésion (présence d'un nodule de diamètre inférieur à 5 cm ou de moins de 4 nodules de diamètre inférieur à 3 cm), sans invasion vasculaire, sans métastases et en l'absence d'insuffisance hépatique, la résection chirurgicale est le traitement idéal [111]. Pour les patients ayant un cancer asymptomatique et de classe A de Child-Pugh, la survie à 5 ans varie de 40 à

60%, principalement en fonction de la taille de la tumeur inférieure à 2,3 ou 5 cm **[112]**. Le risque de récidive tumorale varie de 15 à 25% par an **[113]**.

IV.1.3. Traitements percutanés

Elles représentent la seule option curative chez un patient avec contre-indication à la résection chirurgicale et à la transplantation hépatique. Elles consistent à provoquer la nécrose des cellules cancéreuses par destruction chimique (injection directe d'alcool ou d'acide acétique au niveau de la masse tumorale) ou par modification de la température au sein de la tumeur (cryothérapie, radiofréquence, micro-ondes, électroporation irréversible). Cependant, l'accès à la tumeur n'est pas toujours possible **[109]**.

IV.2. Traitements palliatifs

Les traitements palliatifs font appel à la radiothérapie, la chimiothérapie, l'hormonothérapie, la radioembolisation, la chimio-embolisation intra-artérielle et les thérapies ciblées. Ils concernent surtout les patients ayant un cancer de stade intermédiaire (BCLC B), de stade avancé (BCLC C) ou de stade terminal (BCLC D). Malgré les campagnes de dépistage, seulement 30 % des patients ayant un cancer du foie reçoivent des traitements curatifs **[109]**. Le traitement palliatif des patients ayant un cancer non résécable reste difficile malgré plusieurs choix thérapeutiques disponibles, et la présence d'une thrombose porte limite encore plus les procédés thérapeutiques.

IV.2.1. La radiothérapie

Elle a pour but une réduction de la zone tumorale par l'irradiation des cellules cancéreuses. Pour augmenter son efficacité, la radiothérapie est couplée avec la chimiothérapie. Cependant, l'efficacité du traitement reste faible. Cette technique présente plusieurs effets indésirables : hépatite, atrophie lente et progressive du parenchyme hépatique et insuffisance hépatocellulaire **[114]**.

IV.2.2. La chimiothérapie

Elle reste peu efficace et consiste à administrer un agent anticancéreux pour détruire ou limiter le développement des cellules tumorales. Les antinéoplasiques ayant les taux de réponse les plus élevés sont : la doxorubicine (DOX), le cisplatine, la mitomycine C et la mitoxantrone. Néanmoins, ce taux est généralement inférieur à 20% **[114]**. Des dérivés du 5-Fluoro-Uracile (gemcitabine, irinotécan, oxaliplatine…) ont été utilisés en essais cliniques sans aucune amélioration significative tant en mono- qu'en poly-chimiothérapie **[29]**.

IV.2.3. L'hormonothérapie

Les carcinomes hépatocellulaires possèdent des récepteurs à œstrogènes. Dans les différentes études réalisées, le tamoxifène, un antiœstrogénique utilisé dans le cadre du cancer du sein, n'a pas montré d'effet positif sur la survie **[115]**.

IV.2.4. La radioembolisation

Elle consiste en l'injection de microparticules radioactives dans les artères nourricières de la tumeur dans le but de réaliser une forte irradiation des nodules tumoraux tout en préservant les tissus sains **[116]**. Deux produits sont disponibles sur le marché: SIRSpheres© qui sont des microparticules polymères et TheraSpheres© qui sont des microparticules de verre. Ces microparticules utilisent l'isotope radioactif d'Yttrium-90 (90-Y). La radioembolisation par l'Yttrium-90 semble avoir une bonne efficacité et une bonne tolérance et la présence d'une thrombose portale ne contre-indique pas sa réalisation **[117]**.

IV.2.5. La chimio-embolisation intra-artérielle

Elle consiste en l'injection intra-artérielle d'agents chimiothérapiques (doxorubicine, cisplatine, mitomycine C) associés au Lipiodol. En fin de procédure, l'injection d'un agent embolisant dans l'artère hépatique permettra d'occlure les branches nourricières de la tumeur et d'augmenter le temps de contact entre les antinéoplasiques et les cellules tumorales. Ceci entraîne une nécrose ischémique des cellules tumorales **[109]**. Les effets secondaires de la technique sont nombreux (abcès hépatique, nécrose des voies biliaires, ischémie des organes voisins, insuffisance rénale) **[118]**. La thrombose porte est l'une des contre-indications.

IV.2.6. Les thérapies ciblées

La technique des thérapies ciblées utilise des anticorps monoclonaux dirigés contre des antigènes exprimés au niveau des cellules tumorales [le Cetuximab (Erbitux®) cible EGFR, le Bevacizumab (Avastin®) cible VEGF] et des inhibiteurs de tyrosine kinase qui ciblent de façon plus ou moins spécifique certaines protéines cellulaires, comme par exemple le récepteur à l'EGF (Epidermal Growth Factor) et celui du VEGF (Vascular Endothelial Growth Factor), qui sont des protéines à domaines tyrosine kinase (Sorafenib ou Nexavar, Erlotinib ou Tarceva, Imatinib ou Gleevec,...) [29]. Le cancer du foie a un caractère d'hypervascularisation qui en fait une cible de choix pour les traitements anti-angiogéniques.

Le carcinome hépatocellulaire reste difficile à traiter. Les traitements actuels, détaillés précédemment, reposent sur l'ablation chirurgicale (selon la localisation et la taille de la tumeur), la greffe de foie, la chimio-embolisation, la chimiothérapie,... L'absence de réponse aux traitements chimiothérapiques, par la présence de tumeurs non opérables et de récidives rapides explique les échecs thérapeutiques. Le CHC fait l'objet d'un grand nombre d'essais cliniques et plusieurs stratégies sont dessinées (restauration des gènes suppresseurs de tumeurs de type p53, inhibition des oncogènes comme Ras, thérapie anti-angiogénique bloquant le VEGF, stratégie anti-sens, gènes suicides, virothérapie par l'utilisation de virus oncolytiques, immunothérapie,...) **[11].**

Sorafénib et carcinome hépatocellulaire

Les résultats d'un grand essai clinique phase III randomisé (essai SHARP ou Sorafenib Hepatocellular Carcinoma Assessment Randomized Protocol) ayant comparé sorafénib et placebo chez des malades atteints de CHC évolué ont été présentés au congrès 2007 de l'American Society of Clinical Oncology (ASCO) ; un allongement de la survie globale et de la survie sans progression chez les malades traités par sorafénib, sans surtoxicité a été constaté **[119].**

Le groupe PRODIGE (réunissant des experts de la Fédération Francophone de Cancérologie Digestive (FFCD) et du groupe digestif de la Fédération Nationale des Centres de Lutte contre le Cancer (FNCLCC)), et l'Association Française pour l'Etude du Foie (AFEF) ont émis des recommandations pour l'utilisation du Sorafénib (Nevaxar®) dans le traitement du CHC car il s'agit du premier traitement médicamenteux ayant prouvé une efficacité dans le CHC et parce qu'un nombre de malades relevant potentiellement d'un tel traitement est élevé **[120]**.

Le sorafénib, commercialisé sous le nom de Nexavar® depuis 2006, est un inhibiteur de plusieurs protéines à activité sérine/thréonine kinase et de récepteurs à activité tyrosine-kinase qui a permis de limiter la progression du CHC **[11]**. Il est **antitumoral** et **anti-antigénique**.

Il a un rôle anti-prolifératif (Figure 17) sur les cellules tumorales du carcinome hépatocellulaire en inhibant la voie Raf (*rapidly accelerated fibrosarcoma*)/MEK (*mitogen-extracellular signalregulated kinase*)/ ERK (*extracellular signal-regulated kinase*) également appelée voie de signalisation MAP kinase. Le sorafénib intervient en inhibant l'activite serine/threonine kinase de C-Raf et B-Raf. Il a de plus été démontré que le sorafénib induisait l'apoptose cellulaire en réduisant la phosphorylation d'elf4E, en diminuant les taux intracellulaires de Mcl-1, et en inhibant les récepteurs des facteurs de croissance FTL-3 et c-KIT **[121]**.

Il a également un rôle anti-angiogénique (Figure 17) en ciblant des récepteurs à activité tyrosine kinase tels que les VEGFR-2/-3 (*Vascular Endothelial Growth Factor Receptor)* et le PDGFR-β (*Platelet Derived Growth Factor Receptor* β). Le sorafenib induit par ailleurs l'inhibition de la synthèse du facteur HIF-1α (*hypoxia inducible-factor 1α*) **[122]**.

De nouvelles perspectives de recherche émergent parallèlement et ont pour objectifs d'inactiver les voies dépendantes de Ras et de cibler en amont les récepteurs à l'EGF et au TGFα, en couplant le sorafénib au gefitinib, à l'erlotinib, à la rapamycine (antiprolifératif et anti-angiogénique) ou au bevacizumab (cible de l'angiogenèse en dépit de l'apparition d'une hypertension artérielle) ou encore à la doxorubicine proposée en chimiothérapie conventionnelle **[74]**.

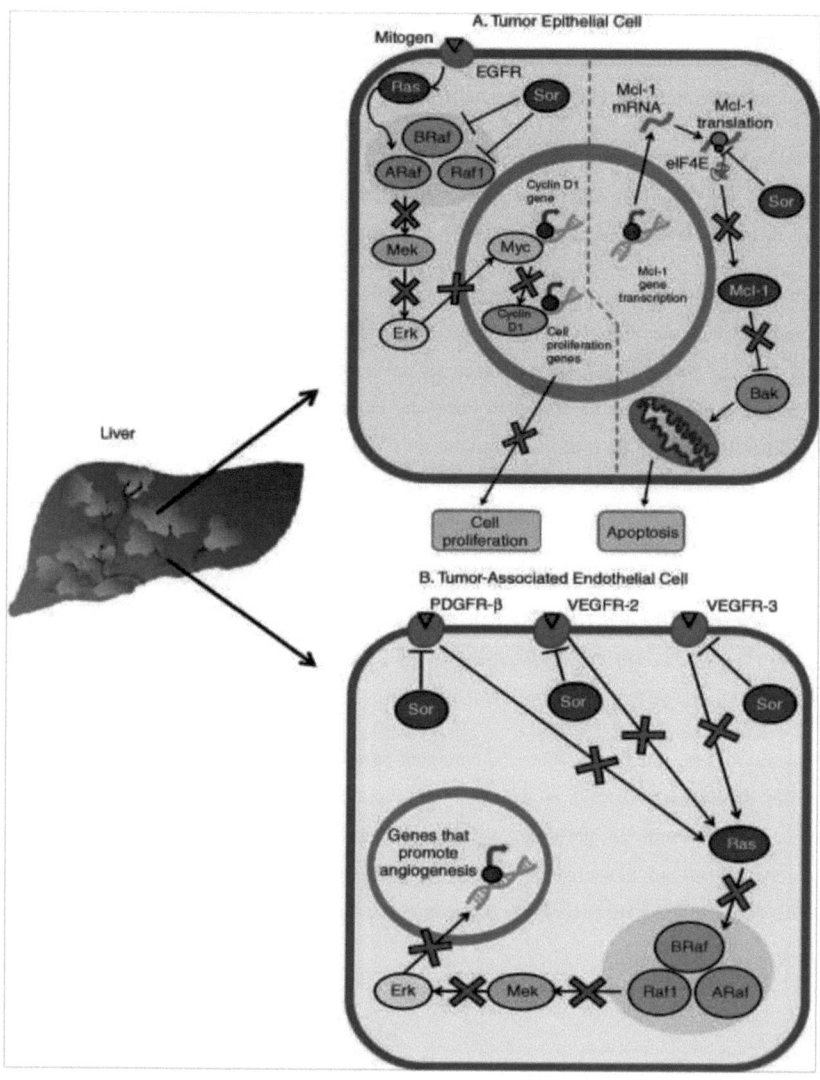

Figure 17 : Modes d'action du sorafénib sur les cellules tumorales et les cellules endothéliales **[121]**.

Les stades du CHC tels qu'ils sont définis par la classification *Barcelona Clinic Liver Cancer* (BCLC) permettent de proposer une stratégie thérapeutique détaillée dans la figure 18.

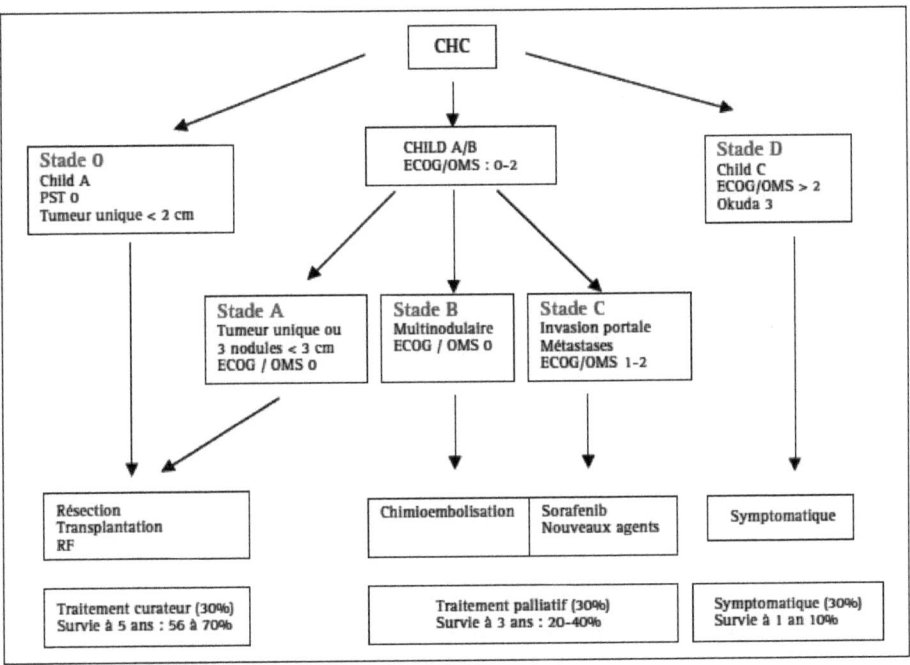

Figure 18 : Arbre de décision thérapeutique selon la classification BCLC **[73]**.

Conclusion

Le cancer hepatique est multifactoriel et l'étude à l'échelon moléculaires s'impose, de plus en plus, non seulement pour le cancer du foie mais également pour les différentes pathologies. En effet, le déchiffrage et la compréhension des mécanismes moléculaires de développement et de progression des pathologies peut être à l' origine de d'identification de marqueurs de diagnostique spécifique ainsi que de thérapies bien ciblées.

Références bibliographiques

1.WILHELM SM, CARTER C, TANG L, et al. BAY 43-9006 exhibits broad spectrum oral antitumor activity and targets the RAF/MEK/ERK pathway and receptor tyrosine kinases involved in tumor progression and angiogenesis. *Cancer Research,* 2004; 64: 7099–7109.

2.SHERMAN M. Hepatocellular carcinoma: epidemiology, surveillance, and diagnosis. *Seminars in Liver Disease*, 2010; 30: 3–16.

3.FERLAY J et al. "Estimates of worldwide burden of cancer in 2008: GLOBOCAN 2008." *International Journal of Cancer*, 2010; 127(12): 2893-917.

4.EL-SERAG HB. Hepatocellular carcinoma. *New England Journal of Medicine,* 2011; 365: 1118-1127

5.SZKLARUK J, SILVERMAN PM, CHAMSANGAVEJ C. Imaging of the diagnosis, staging, treatment and surveillance of hepatocellular carcinoma. *American Journal of Roentgenology*, 2003; 180(2): 441-54.

06.BLONSKI W, KOTLYAR D S, FORDE K A. Non-viral causes of hepatocellular carcinoma. *World Journal of Gastroenterology*, 2010; 16(29): 3603-15.

07.HANAHAN D, WEINBERG RA. The hallmarks of cancer. *Cell,* 2000; 100(1): 57-70.

08.HADJIKY P, DADOUNE J, SIFFROI J, VENDRELY E. *Histologie.* 2ème éd. Flammarion (Ed). Paris, 2000, 330 p.

09.PUTZ R, PABST R. *Atlas d'anatomie humaine Sobotta.* Tome 2, Tronc, viscères, membre inferieur. 4eme éd. Paris: Technique et Documentation, 2000; 403 p.

10.GOSLING JA, HARRIS PF, WhITMORE I, *et al. Anatomie humaine.* Atlas en couleurs. 2eme éd. française. Bruxelles : De Boeck, 2003 ; 377 p.

11. LAURENT V. *Stratégie de vectorisation d'acides nucléiques et de drogues anticancéreuses dans les cellules hépatiques en culture*. Thèse de doctorat en Biologie et Sciences de la Santé. Renne : université Rennes 1, 2010, 260 p.

12. DAWSON J L, Tan K C. Anatomy of the liver: Patophysiology, diagnosis and management. 1992; 3: 3-11.

13. DEUGNIER Y. Anatomophysiologie du foie. Université-Rennes1- Doy copié médecine M2. Sémiologie du foie et des voies biliaires.2005.

14. NETTER, FRANK H, M.D. *Atlas d'Anatomie Humaine*. 3eme éd. Paris : Masson, 2004, 542 p.

15. SCHUNKE M, SCHULTE E, SCHUMACHER U. *Atlas d'Anatomie Promethée*. Cou et organes internes. Paris: Maloine, 2007; 370 p

16. STEVENS A, LOWE J. *Histologie humaine*. 3eme éd. Paris : Elsevier, 2006; 459 p.

17. BENHAMOU J–P, ERLINGER S. *Maladies du foie et des voies biliaires*. 5eme éd. Paris: Flammarion Médecine-Sciences, 2008; 220 p.

18. FOUET P. *Abrégé d'hépatologie*. Masson 1978; 292 p

19. FAUSTO N. Liver regeneration. *Journal of hepatology.*2000; 32(1): 19-31

20. MULLHAUPT B, FEREN A, FODOR E, et al. Liver expression of epidermal growth factor RNA. Rapid increases in immediate-early phase of Liver regeneration. *J. Biol Chem*, 1994; 31: 19667-70.

21. MICHALOPOULOS G K, DEFRANCES M C. Liver regeneration. *Science*, 1997; 276(5309): 60-6.

22. HANAHAN D, WEINBERG RA. The hallmarks of cancer: the next generation. *Cell*, 2011, 144(5): 646-74.

23.OLIVEIRA PA, COLACO A, CHAVES R, *et al*. Chemical carcinogenesis. *Anais da Academia Brasileira de Ciências*, 2007;79(4): 593-616.

24.BARAS N. *Liver and Intrahepatic Bile Ducts Cancer (ICD-10 C22) in Germany*. Master of Health sciences thesis. Hamburg: Hamburg University of Applied Sciences, 2012, 44 p.

25.HODOUL M. *Apport de la ponction biopsie échoguidée au diagnostic des lésions focales hépatiques*. Thèse de doctorat en Médecine. Rouen : Faculté mixte de Médecine et de Pharmacie de Rouen, 2012, 73 p.

26.THE FRENCH METAVIR COOPERATIVE STUDY GROUP. Intraobserver and interobserver variations in liver biopsy interpretation in patients with chronic hepatitis C. *Hepatology*, 1994; 30: 15-20.

27.ROSS J S, KURIAN S. Clear cell hepatocellular carcionoma sudden death from severe hypoglycemic. *American Journal of Gastroenterology*, 1985; 80(3): 188-194.

28.EDMONSON HA, STEINER PE. Primary carcinoma of the liver. A study of 100 cases among 48 900 necropsies. *Cancer*, 1954; 7: 462-503.

29.EL BOUSTANY C. *Rôle des canaux calciques de la membrane plasmique dans la prolifération des cellules tumorales hépatiques*. Thèse de doctorat en Biologie-santé. Lille : université Lille 1, 2009, 164 p.

30.SHIN H R, OH JK, MASUYER E, *et al*. Epidemiology of cholangiocarcinoma: an update focusing on risk factors. *Cancer Sci*, 2010; 101(3): 579-85.

31.SRIPA B, KAEWKES S, SITHITHAWORN P, *et al*. Liver fluke induces cholangiocarcinoma. *PLoS.Med*, 2007; 4(7): e201.

32.VILLANUEVA A, NEWELL P, CHIANG DY, *et al*. Genomics and signaling pathways in hepatocellular carcinoma. *Seminars in Liver Disease*, 2007; 27: 55–76.

33.REHMAN J, TRAKTUEV D, LI J, *et al*. Secretion of angiogenic and antiapoptotic factors by human adipose stromal cells. *Circulation,* 2004; 109: 1292–1298.

34.CHO C-H, KOH YJ, HAN J, *et al*. Angiogenic role of LYVE-1-positive macrophages in adipose tissue. *Circulation Research*, 2007; 100(4): 47-57.

35.FERLAY J *et al*. International Agency for Research on Cancer (IARC). GLOBOCAN 2002: Cancer Incidence, Mortality and Prevalence Worldwide. Lyon, France: IARCPress; 2004.

36.VILLAR S. Interactions entre mutagenèse par l'aflatoxine et infection chronique par le virus de l'hépatite B dans les carcinomes hépatocellulaires dans deux pays à haute incidence de CHC, La Gambie et la Thaïlande: analyse de la mutation TP53 R249S et du gène HBX dans l'ADN circulant. Thèse de doctorat en Sciences. Lyon : Ecole pratique des hautes études, 2012, 62 p.

37.BRUEL J M. Imagerie des nodules sur cirrhose : quels nodules, quelle imagerie, quelle conduite ? *Gastroentérologie Clinique et Biologique,* 1999; 23: 97-100.

38.BRECHOT CH. Virus des hépatites B et C et cancer primitif du foie. *Revue du praticien*, 1995; 45: 190-196.

39.BOLONDI L, SOFIA S, SIRINGO S, *et al*. Surveillance programme of cirrhotic patients for early diagnosis and treatment of hepatocellular carcinoma: a cost effectiveness analysis. *Gut,* 2001; 48(2): 251–259.

40.LLOVET JM, RICCI S, MAZZAFERRO V, *et al*. Sorafenib in advanced hepatocellular carcinoma. *New England Journal of Medicine,* 2008; 359: 378–390.

41.GUIU B, PETIT JM, BONNETAIN F, *et al*. Visceral fat area is an independent predictive biomarker of outcome after first-line bevacizumab-based treatment in metastatic colorectal cancer. *Gut*, 2010; 59: 341–347.

42.LADOIRE S, BONNETAIN F, GAUTHIER M, *et al*. Visceral fat area as a new independent predictive factor of survival in patients with metastatic renal cell carcinoma treated with antiangiogenic agents. *Oncologist*, 2011; 16: 71–81

43.MORO A, JIANG J, GIGOU M, et al. Carcinogenèse hépatique et virus de l'hépatite C. Médecine sciences, 2002; 18: 335-342.

44.EASL-EORTC. Clinical practice guidelines: management of hepatocellular carcinoma. European Journal of Cancer, 2012; 48: 599–641.

45.FATTOVICH G, STROFFOLINI T, ZAGNI I, et al. Hepatocellular carcinoma in cirrhosis: incidence and risk factors. Gastroenterology, 2004; 127: 35–50.

46.CHISARI FV. Unscrambling hepatitis C virus-host interactions. Nature, 2005; 436: 930-932.

47.POWELL LW, SUBRAMANIAM VN, YAPP TR. Haemochromatosis in the new millennium. Journal of Hepatology, 2000; 32(1 Suppl): 48-62.

48.KOWDLEY KV. Iron, hemochromatosis, and hepatocellular carcinoma. Gastroenterology, 2004; 127(5 Suppl 1): S79-86.

49.VON DELIUS S, LERSCH C, SCHULTE-FROHLINDE E, et al. Hepatocellular carcinoma associated with hereditary hemochromatosis occurring in non-cirrhotic liver. Zeitschrift für Gastroenterologie, 2006; 44(1): 39-42.

50.BRADBEAR R, BAIN C, SISKIND V, et al. Cohort study of internal malignancy in genetic hemochromatosis and other chronic nonalcoholic liver disease. Journal of the National Cancer Institute, 1985; 75: 81-4.

51.BUGIANESI E, LEONE N, VANNI E, et al. Expanding thenatural history ofnonalcoholic steatohepatitis: from cryptogenic cirrhosis to hepatocellularcarcinoma. Gastroenterology, 2002; 123: 134-40.

52.SANYAL AJ, BANAS C, SARGEANT C, et al. Similarities and differences in outcomes of cirrhosis due to nonalcoholic steatohepatitis and hepatitis C. Hepatology, 2006; 43: 682-9.

53.TAJADA M, NERIN J, RUIZ MM, et al. Liver adenoma and focal nodular hyperplasia associated with oral contraceptives. European Journal of Contraception and Reproductive Health Care, 2001; 6(4): 227-30.

54.ITO M, SASAKI M, WEN CY, *et al*. Liver cell adenoma with malignant transformation: a case report. *World Journal of Gastroenterology*, 2003; 9: 2379-2381.

55.MICCHELLI ST, VIVEKANANDAN P, BOITNOTT JK, *et al*. Malignant transformation of hepatic adenomas. *Modern Pathology*, 2008; 21(8): 491-497

56.KUPER H, TZONOU A, KAKLAMANI E, *et al*. Tobacco smoking, Alcohol consumption and their interaction in the causation of hepatocellular carcinoma. *International Journal of Cancer*, 2000; 85: 498-502.

57.NALPAS B *et al*. "Chronic alcohol intoxication decreases the serum level of hepatitis B surface antigen in transgenic mice." *Journal of Hepatology*, 1992; 15(1-2): 118–124.

58.MARRERO JA, FONTANA RJ, FU S, *et al*. Alcohol, tobacco and obesity are synergistic risk factors for hepatocellular carcinoma. *Journal of Hepatology,* 2005; 42(2): 218-24.

59.ZHU K, MORIARTY C, CAPLAN LS, *et al*. Cigarette smoking and primary liver cancer: a populationbased casecontrol study in US men. *Cancer Causes Control*, 2007; 18(3): 315-21.

60.CHUANG S C, LEE Y C, HASHIBE M, *et al*. Interaction between cigarette smoking and hepatitis B and C virus infection on the risk of liver cancer: a meta-analysis. *Cancer Epidemiology, Biomarkers & Prevention,* 2010; 19: 1261-1268.

61.HAMAGUCHI M, TAKEDA N, KOJIMA T, *et al*. Identification of individuals with non-alcoholic fatty liver disease by the diagnostic criteria for the metabolic syndrome. *World Journal of Gastroenterology*, 2012; 18: 1508-1516.

62.BRUIX J, SHERMAN M, LLOVET JM. Clinical management of hepatocellular carcinoma. Conclusions of the Barcelona- 2000. EASL conference. *Journal of hepatology*, 2001; 35: 421-430.

63.EL-SERAG H B, RUDOLPH K L. Hepatocellular carcinoma: epidemiology and molecular carcinogenesis. *Gastroenterology*, 2007; 132: 2557-2576.

64.CALDWELL SH, CRESPO DM, KANG HS, *et al.* Obesity and hepatocellular carcinoma. *Gastroenterology*, 2004; 127: 897-103.

65.EI-SERAG DB, TRAN T, EVERHART JE. Diabetes increases the risk of chromc liver disease and hepatocellular carcinoma. *Gastroenterology*, 2004; 126: 460-8.

66.CALLE E, RODRIGUEZ C, WA1KER-THUNNOND K, *et al.* Overweight, obesity, and mortality from cancer in a prospectively studied cohort of US adults. *New England Journal of Medicine*, 2003; 24: 1625-38.

67.GOUAS D A, SHI H, HAUTEFEUILLE A H, *et al.* Effects of the TP53 p.R249S mutant on proliferation and clonogenic properties in human hepatocellular carcinoma cell lines: interaction with hepatitis B virus X protein. *Carcinogenesis*, 2010; 31(8): 1475-82.

68.FLEMING ID. AJCC/TNM cancer staging, present and future. *Journal of Surgical Oncology*, 2001; 77(4): 233-236.

69.OKUDA K, OHTSUKI T, OBATA H, *et al.* Natural history of hepatocellular carcinoma and prognosis in relation to treatment. Study of 850 patients. *Cancer*, 1985; 56(4): 918-928.

70.PUGH RN, MURRAY-LYON IM, DAWSON JL, *et al.* Transection of the oesophagus for bleeding oesophageal varices. *British Journal of Surgery*, 1973; 60(8): 646-649.

71.CILLO U, VITALE A, GRIGOLETTO F, *et al.* Prospective validation of the Barcelona Clinic Liver Cancer staging system. *Journal of Hepatology*, 2006; 44(4): 723-731.

72.BRUIX J, SHERMAN M. Management of hepatocellular carcinoma. *Hepatology*, 2005; 42(5): 1208-1236.

73.BRUIX J, HESSHEIMER AJ, FORNER A, *et al.* New aspects of diagnosis and therapy of hepatocellular carcinoma. *Oncogene,* 2006; 25: 3848-56.

74.SEIGNE A-L. *Etude des facteurs pronostiques de survie dans le carcinome hépatocellulaire traite par sorafenib: impact de la surface de graisse viscérale*. Thèse de doctorat en Médecine. Lorraine: université de Lorraine, 2013, 98 p.

75.SHERMAN M. Alphafetoprotein: an obituary. *Journal of Hepatology*, 2001; 34(4): 603-5.

76.TREVISANI F, D'INTINO PE, MORSELLI-LABATE AM, *et al*. Serum alpha-fetoprotein for diagnosis of hepatocellular carcinoma in patients with chronic liver disease: influence of HBsAg and anti-HCV status. *Journal of Hepatology*, 2001; 34: 570–5.

77.SOCIETE CANADIENNE DU CANCER. *Cancer primitif du foie Comprendre le diagnostic* [en ligne], 2013. Disponible sur : https://www.cancer.ca/~/media/cancer.ca/CW/publications/Primary%20liver%20UYD/Primary-liver_UYD_Fr_Nov2013.pdf (consulté le 04.04.2015).

78.SUZUKI S, IIJIMA H, MORIYASU F, *et al*. Differential diagnosis of hepatic nodules using delayed parenchymal phase imaging of levovist contrast ultrasound: comparative study with SPIO-MRI. *Hepatology Research*, 2004; 29(2): 122-126.

79.BRAVO AA, SHETH SG, CHOPRA S. Liver biopsy. *New England Journal of Medicine*, 2001; 344(7): 495-500.

80.WANG L, WANG WL, ZHANG Y, *et al*. Epigenetic and genetic alterations of PTEN in hepatocellular carcinoma. *Hepatology Research*, 2007; 37: 389-396.

81.COULOUARN et al. Conference Information: 57th Annual Meeting of the American Association for the Study of Liver Diseases, 2006.

82.COLOTTA F, ALLAVENA P, SICA A, *et al*. Cancer-related inflammation, the seventh hallmark of cancer: links to genetic instability. *Carcinogenesis,* 2009; 30(7): 1073-1081

83.HARDING J J, ABOU-ALFA G K. Systemic therapy for hepatocellular carcinoma. *Chinese Clinical Oncology,* 2013; 2(4): 37.

84.HAINAUT P, HOLLSTEIN M. P53 and human cancer: the first ten thousand mutations. *Advances in Cancer Research*, 2000; 77: 81-137.

85.PRIVES C, MANLEY J L. Why is p53 acetylated? *Cell*, 2001; 107(7): 815-8.

86. ZILFOU J T, LOWE S W. Tumor suppressive functions of p53. *Cold Spring Harbor Perspectives in Biology*, 2009; 1(5): a001883.

87. JOERGER A C, FERSHT A R. Structural biology of the tumor suppressor p53. *Annual Review of Biochemistry*, 2008; 77: 557-82.

88. XUE W, ZENDER L, MIETHING C, et al. Senescence and tumour clearance is triggered by p53 restoration in murine liver carcinomas. *Nature*, 2007: 445(7128): 656-60.

89. ALISI A, GIAMBARTOLOMEI S, CUPELLI F, et al. Physical and functional interaction between HCV core protein and the different p73 isoforms. *Oncogene*, 2003; 22: 2573-2580.

90. LEE AT, REN J, WONG ET, et al. The hepatitis B virus X protein sensitizes HepG2 cells to UV light-induced DNA damage. *Journal of Biological Chemistry*, 2005; 280: 33525-33535.

91. YONG-SONG G, QING H, ZI L. Roles of p53 in Carcinogenesis, Diagnosis and Treatment of Hepatocellular Carcinoma. *Journal of Cancer Molecules*, 2006; 2(5): 191-197.

92. HELDIN C-H, LANDSTRÖM M, MOUSTAKAS A. Mechanism of TGF-beta signaling to growth arrest, apoptosis, and epithelial-mesenchymal transition. *Current Opinion in Cell Biology*, 2009; 21: 166–176.

93. VERGA-GERARD A. *Perturbation de la voie de signalisation du TGF-β par les protéines du virus de l'hépatite C, impact sur la carcinogenèse.* Thèse de doctorat en sciences de la Vie. Lyon : Ecole Normale Supérieure de Lyon - ENS LYON, 2012, 222 p.

94. YAKICIER MC, IRMAK MB, ROMANO A, et al. Smad2 and Smad4 gene mutations in hepatocellular carcinoma. *Oncogene*, 1999; 18: 4879–4883.

95. CHOI S-H, HWANG SB. Modulation of the transforming growth factor-beta signal transduction pathway by hepatitis C virus nonstructural 5A protein. *Journal of Biological Chemistry*, 2006; 281: 7468–7478.

96. LAURENT-PUIG P, ZUCMAN-ROSSI J. Genetics of hepatocellular tumors. *Oncogene*, 2006; 25(27): 3778-86.

97.KIM YD, PARK CH, KIM HS, et al. Genetic alterations of Wnt signaling pathway-associated genes in hepatocellular carcinoma. *Journal of Gastroenterology and Hepatology*, 2008; 23: 110-8.

98.COLNOT S, DECAENS T, PERRET C. Activer un signal bêta-caténine dans le foie est oncogénique. *Medecine Sciences (Paris)*, 2005; 21(4): 355–357.

99.RAY R B, LAGGING L M, MEYER K, *et al*. Transcriptional regulation of cellular and viral promoters by the hepatitis C virus core protein. *Virus Research*, 1995; 37(3): 209-20.

100.BOUCHARD M J, WANG L, SCHNEIDER R J. Activation of focal adhesion kinase by hepatitis B virus HBx protein: multiple functions in viral replication. *Journal of Virology*, 2006; 80(9): 4406-14.

101.KIMURA H, SUMINOE M, KASAHARA K, *et al*. Evaluation of epidermal growth factor receptor mutation status in serum DNA as a predictor of response to gefitinib (IRESSA). *British Journal of Cancer*, 2007; 97(6): 778-84.

102.KIM H, LEE YH, WON J, *et al*. Through induction of juxtaposition and tyrosine kinase activity of Jak1, Xgene product of hepatitis B virus stimulates Ras and the transcriptional activation through AP-1, NF-kappaB, and SRE enhancers. *Biochemical and Biophysical Research Communications,* 2001; 286(5): 886-94.

103.KUMAR M, ZHAO X, WEI WANG X. Molecular carcinogenesis of hepatocellular carcinoma and intrahepatic cholangiocarcinoma: one step closer to personalized medicine? *Cell & Bioscience*, 2011, 1: 5.

104.MCBRIDE O W, MERRY D, GIVOL D. The gene for human p53 cellular tumor antigen is located on chromosome 17 short arm (17p13). *Proceedings of the National Academy of Sciences of the United States of America*, 1986; 83(1): 130-34.

105.DUVOUX C, ROUDOT-THORAVAL F, DECAENS T, *et al*. Liver transplantation for hepatocellular carcinoma: a model including alpha-fetoprotein improves the performance of Milan criteria. *Gastroenterology,* 2012; 143: 986-94.

106. JONAS S, BECHSTEIN WO, STEINMULLER T, et al. Vascular invasion and histopathologic grading determine outcome after liver transplantation for hepatocellular carcinoma in cirrhosis. *Hepatology*, 2001; 33(5): 1080-6.

107. BOUDJEMA K, COMPAGNON P, DUPONT-BIERRE E, et al. Liver transplantation for hepatocellular carcinoma. *Cancer Radiother.*, 2005; 9(6-7): 458-63.

108. ADAM R, DEL GAUDIO M. Evolution of liver transplantation for hepatocellular carcinoma. *Journal of Hepatology*, 2003; 39(6): 888-95.

109. VARELA M, SALA M, LLOVET J M, et al. Treatment of hepatocellular carcinoma: is there an optimal strategy? *Cancer Treatment Reviews,* 2003; 29(2): 99-104.

110. BENHAMOU J-P, BIRCHER J, MCINTYRE N, et al. *Hépatologie clinique*. 2e éd. Paris: Flammarion Médecine-Sciences, 2002, 1379-1392.

111. BERTIN C. *Aspect évolutif des cicatrices hépatiques de radiofréquence et cryothérapie en échographie de contraste*. Thèse de doctorat en Imagerie médicale-Radiodiagnostic. Paris : université Paris Val de Marne, 2007, 62 p.

112. SNFGE. Thésaurus de bonnes pratiques en cancérologie digestive : carcinome hépatocellulaire, SNFGE, 2001. www.snfge.asso.fr

113. GANNE-CARRIE N, MOHAND D, N'KONTCHOU G, et al. Diagnostic et traitement du carcinome hépatocellulaire chez les patients atteints de cirrhose. *Gastroentérologie Clinique et Biologique*, 2002; 26: 73-77.

114. HUSSAIN S A, FERRY DR, EL-GAZZAZ G, et al. Hepatocellular carcinoma. *Annals of Oncology,* 2001; 12(2): 161-72.

115. LLOVET J M, BRUIX J. Systematic review of randomized trials for unresectable hepatocellular carcinoma: Chemoembolization improves survival. *Hepatology*, 2003; 37(2): 429-42.

116.KULIK L M, CARR BI, MULCAHY MF, *et al.* Safety and efficacy of 90Y radiotherapy for hepatocellular carcinoma with and without portal vein thrombosis. *Hepatology,* 2008; 47(1): 71-81.

117.EL MEKKAOUI A, BENBRAHIM Z, CHARIF I, *et al.* Traitement d'un carcinome hépatocellulaire avancé associé à une thrombose porte par radioembolisation aux microsphères d'Yttrium-90. *Journal Africain du Cancer,* 2012; 4(1): 37-40.

118.HUO TI, WU JC, HUANG YH. Acute renal failure after chemoembolization for hepatocellular carcinoma: a retrospective study of the incidence, risks factors, clinical course and long-term outcome. *Aliment Pharmacol Ther,* 2004; 19(9): 999-1007.

119.LLOVET J, RICCI S, MAZZAFERRO V, *et al.* SHARP INVESTIGATORS STUDY GROUP. *Sorafenib improves survival in advanced Hepatocellular Carcinoma (HCC): Results of a Phase III randomized placebo -controlled trial (SHARP trial)*, Abstract ASCO 2007.

120.BOIGE V BJ, ROSMORDUC O; GROUPE DE TRAVAIL CARCINOME HEPATOCELLULAIRE PRODIGE-AFEF. Use of sorafenib (Nexavar) in the treatment of hepatocellular carcinoma: PRODIGE AFEF recommendations. *Gastroentérologie Clinique et Biologique,* 2008.

121.GAUTHIER A, HO M. Role of sorafenib in the treatment of advanced hepatocellular carcinoma: An update. *Hepatology Research,* 2013; 43: 147–154.

122.DEKERVEL J, VAN PELT J, VERSLYPE C. Advanced unresectable hepatocellular carcinoma: new biologics as fresh ammunition or clues to disease understanding? *Current Opinion in Oncology,* 2013; 25: 409–416.

Glossaire

Altération de l'état général : Perte d'appétit (anorexie), amaigrissement et fatigue intense (asthénie) chez une personne.

Ascite : Accumulation de liquide (on parle d'épanchement liquidien) dans l'abdomen.

Cholestase : Diminution ou arrêt de la sécrétion de la bile

Cirrhose : Altération du tissu hépatique.

Encéphalopathie hépatique : Ensemble des symptômes neurologiques secondaires à des troubles hépatiques.

Hépatocyte : Type de cellules constituant le foie.

Hépatomégalie : Augmentation du volume du foie.

Hypertension portale : Complication majeure de la cirrhose se traduisant par une augmentation de la pression au niveau de la veine porte.

Hypochondre droit : Partie de l'abdomen sous les côtes à droite.

Ictère ou jaunisse : Coloration jaune de la peau, de la sclérotique (blanc de l'œil) et des muqueuses, due à l'accumulation, dans le sang, de bilirubine (principal colorant de la bile).

Splénomégalie : Augmentation du volume de la rate.

Thrombose : Formation ou présence d'un obstacle dans les voies sanguines (caillot sanguin). On parle notamment de "thrombose portale" pour indiquer une thrombose dans la veine porte.

I want morebooks!

Buy your books fast and straightforward online - at one of the world's fastest growing online book stores! Environmentally sound due to Print-on-Demand technologies.

Buy your books online at

www.get-morebooks.com

Achetez vos livres en ligne, vite et bien, sur l'une des librairies en ligne les plus performantes au monde!
En protégeant nos ressources et notre environnement grâce à l'impression à la demande.

La librairie en ligne pour acheter plus vite
www.morebooks.fr

SIA OmniScriptum Publishing
Brivibas gatve 1 97
LV-103 9 Riga, Latvia
Telefax: +371 68620455

info@omniscriptum.com
www.omniscriptum.com

Printed by Books on Demand GmbH, Norderstedt / Germany